実践事例に見る
コウヨウザンの可能性

全国林業改良普及協会 編

林業改良普及双書 No.203

まえがき

近年、各地で早生樹種であるコウヨウザンの造林が注目されています。その理由として、30年伐期を目指した早期成長・早期収穫が期待でき、それにより下刈りの省力化が図られ、保育コストの削減による林業の採算性向上が期待されていることなどが挙げられます。

一方で、多くの林業現場ではコウヨウザン造林の経験が乏しく、自分の地域でコウヨウザンを造林すべきかどうか悩んでいる方も多いと思われます。

こうした声にお応えするために、本書では、実際にコウヨウザン造林を手がけてきた現場当事者による、これまでの取組内容や普及状況、課題と対策について紹介していただきました。

まず解説編では、コウヨウザン造林の特徴と可能性について、コウヨウザン研究の第一人者である森林総合研究所林木育種センター元育種部長の近藤禎二さんに解説していただくとともに、コウヨウザンの材質と利用の可能性について、広島県総合技術研究所林業技術センターの渡辺靖崇さん、涌嶋智さんに解説をお願いいたしました。

まえがき

続いて事例編1では、2022年『現代林業』4月号、5月号特集で紹介した事例に、島根県の取組事例を追加して紹介しました。コウヨウザン造林の先進地の広島県をはじめ、高知県(国有林・県)、鹿児島県(民間事業体)、そして豪雪地帯から鳥取県、島根県の取組を掲載しています。

また事例編2では、全国森林組合連合会と農林中央金庫による「低コスト再造林プロジェクト」から、長野県、広島県、宮崎県のモデル試験地での「コウヨウザン(コンテナ大苗)の利用による伐採と造林の一体作業」の実証実験の取組事例を紹介しました。

本書のとりまとめにあたりましては、林野庁をはじめ、研究機関、関係団体、関係都道府県、関係林業経営体等の皆さまに大変お世話になりました。ここにお礼申し上げます。

2023年2月　全国林業改良普及協会

目次

コウヨウザンの材質と利用の可能性　25

広島県立総合技術研究所林業技術センター　渡辺 靖崇・涌嶋 智

事例編1　コウヨウザン造林の導入事例

広島県のコウヨウザン造林の状況と今後　46

広島県農林水産局林業課 林業経営・技術指導担当主査　黒田 幸喜

目次

事例編2　低コスト再造林プロジェクトに見るコンテナ大苗によるコウヨウザン造林

根羽村森林組合 参事　今村 豊

解説編

コウヨウザン造林の特徴と可能性

森林総合研究所林木育種センター 元育種部長
近藤　禎二

わが国のコウヨウザン造林の歴史と普及状況

コウヨウザンのルーツは中国本土と台湾で、中国での造林面積990万ha、造林樹種の中でトップの面積、台湾では各産地のコウヨウザンを集めた比較試験が行われています（写真1）。わが国には江戸時代以前に入って来たと言われ、お寺や神社に大径の老木がありますが、林業的な観点から着目された事例は明治時代の沖縄、昭和初期の高知で見られ、わが国での利用が期待されましたが、それ以降注目されることはありませんでした。

なぜ、今、コウヨウザンなのでしょうか。これまではスギやヒノキといった優れた造林樹種で林業経営が順調に回っていましたが、コウヨウザンがスギに比べて、成長が格段に早く、材の剛性が高く、材を乾燥させやすいことから、大貫肇氏（物林株式会社・新事業推進部長）が指摘しているように、わが国林業の目下の課題である、低コスト再造林や構造用材の国産材シェア向上に活用できると期待するからです。

そんなコウヨウザンがこれまで注目されなかったのは、知られていなかったことが原因です。わが国で外国樹種の導入がブームだった高度経済成長期には、試験された樹種のほとんどが北米やヨーロッパ産のもので、中国の樹種は数的、量的にわずか

写真１　台湾のコウヨウザン試験地

台湾及び中国各地から収集したコウヨウザンの比較試験地。ここでは台湾産の成長が良かったとのこと（台湾林業試験所蓮華池研究中心）

しか試験されませんでした。1972（昭和47）年の日中国交正常化以前は中国の情報、資源はクローズ状態、その後知られるようになってきましたが、すでに外国樹種導入のブームが去り、現在に至っています。

コウヨウザンの特徴・特性

コウヨウザンの原産地が中国中南部以南及び台湾ですから暖かい地域が向いています。ただ、分布している標高が中国では900～1300m、台湾では1300～2300mと冷涼な場所にも生育しています。わが国のコウヨウザン林分は、北は茨城県日立市から南は沖縄県までの約20箇所所で、単木植栽を含めたこれまでの調査では、年平均気温が12℃以上、暖かさの指数90℃・月以上、寒さの指数マイナス15℃・月以上が適地と考えられ、照葉樹林帯にあたります。

コウヨウザンの特徴の1つに萌芽更新できることがあります。その萌芽力は針葉樹の中でもトップクラス。20年生程度の切り株から数十の芽が出て、その後もよく成長します（写真2）。高知県下の国有林の萌芽更新した林分の調査では、苗木を植栽した最初の林分と同じような成長が見込めることが示されました。国内の萌芽更新の事例はこれだけしかありませんが、萌芽を使うことで植栽する苗木代の節約、地拵えの軽減が可能なことから低コスト化の可能性を秘めています。

写真２　コウヨウザン伐根からの萌芽

伐採後１成長期を経た萌芽の状況。ほとんどの伐根から長さ１～２ｍの数本の萌芽が見られた

コウヨウザン造林

これまで調査したコウヨウザン林分の毎木調査のデータから作成した暫定的な収穫予想表によると、ha当たりの林分材積が、地位上では20年生で５２０㎥、30年生で７３６㎥、地位中では、20年生で３５５㎥、30年生で５１４㎥と、平均年間成長量が20㎥前後にな

ることがわかりました。スギでは10㎥前後ですから、コウヨウザンはスギの約2倍の成長が期待できることになります（写真3）。伐期を30年とすると適地では600㎥前後を期待できそうです。コウヨウザンは、スギの適地でよく育ち、ヒノキの適地でも育ちますが、アカマツが侵入している場所やアカマツの跡地での成長が芳しくなく、乾燥が強いところは不向きです。

写真3　コウヨウザンとスギの成長

５年生でコウヨウザン（右列）はスギ（左列）を樹高で上回るものがほとんどで、平均胸高直径はスギの約２倍

原産地の中国や台湾では標高の高い場所にも分布していることから、少々冷涼になっても生育できるようです。静岡県井川の南アルプスの麓の林分は標高１０００ｍを超えますが、周囲のスギやヒノキよりもよく成長していることから、太平洋側では場所によってそれくらいの標高まで大丈夫のようです。

一方、日本海側の多雪地帯で

の植栽については、青森県の十和田湖畔に単木で生育している個体があり、美林のある庄原市も豪雪地帯に指定され、1mを超える積雪がありますが、現段階では情報不足です。照葉樹林帯が適地ですから、東北地方などにある寒冷な場所での植栽はお勧めでなく、そこでは、成長、材の強度が優れているカラマツがお勧めです。コウヨウザンの造林地で気になるのは、強風のためと思われる幹の先折れがスギより多く見られることです。ただ、持ち前の萌芽力の強さから萌芽によって回復でき利用上大きな問題にはなりません。

コウヨウザンについて病虫害による大きな被害は聞いていませんが、獣害では、場所によってノウサギとシカの大きな被害を受けています。特に、ノウサギやシカの密度が高く、冬場に周囲の植物が枯れてしまう場所では被害が出やすいようです。ノウサギは、苗木の高さが70㎝のところで太さが1・3㎝を超えると主軸の食害を受けにくくなるので、大苗、忌避剤の組合せで一応対処できますが、シカは個体密度が高く餌が少ないと、単木保護資材を倒したり、持ち上げたりして食べるので、現段階では決定的な対処法がありません。駆除による頭数調整のもと、大苗や忌避剤の利用、下草を残した施業と造林地への侵入制限を図るなどの取組を現地の状況に合わせて実施することが必要です。

わが国のコウヨウザン苗木は、当初は広島県の1つの事業者によって裸苗だけが作られてい

写真4　コウヨウザンのコンテナ苗

優良なコンテナ苗が各地で生産されてきた。写真は数万本規模で生産可能な（一社）広島県森林整備・農業振興財団の苗木生産現場

ましたが、現在では複数県の複数の事業者によって優良なコンテナ苗が生産されるようになり（写真4）、植栽後も良好な成長を見せています。ただ、苗木の元になるタネの入手が非常に限られていることから、国内林分から優良個体を選抜するとともに、採種園や採穂園の整備、整備するまでの既存の優良林分から採種が進められています。わが国で育ったコウヨウザンの中から優良なものを選ぶことで、わが国により適応した個体に絞っていくこと、すなわち順化させていくことができます。

コウヨウザンの可能性

コウヨウザンの木材としての特性をスギと比較すると、強くて、軽くて、乾きやすいことがポイントです。成長が良く、材が軽いと軟弱に思われがちですが、約20年生の剛性がスギを上回り、壮齢になればヒノキ並みです。構造用製材の機械等級区分では剛性の指標であるヤング係数が使われており、同じ曲げ強度であれば剛性が高いコウヨウザンの方が変形が少なくなります。詳細については本所の別項目で書かれていますが、30年程度の若い林齢で柱に使え、壮齢になると平角も取れ、スギより剛性が高いことから用途が広がります。また、木材の乾きやすさは心材含水率で決まりますが、藤澤義武氏（森林総合研究所林木育種センター、元鹿児島大学教授）らの茨城県から鹿児島県に至る全国7林分の調査では、心材含水率がスギに比べて低く、乾燥が難儀な多湿心材の割合がスギの約半分でした。軽さはスギと同程度で加工が容易です。これまでの試験で、柱、梁、合板、パレットに使えることが明らかになってきました。材をペレットに加工したバイオマス燃料としての性能については、適合しているとの結果を得ていいます（写真5）。これらのことから、材のカスケード利用が可能なことを示すことができました。林産業の皆さまにはこれまでお示ししたメリットを最大化すべく利用していただければと思い

写真５　コウヨウザンのチップ及びペレット

25 年生コウヨウザンから作製。バイオマス燃料として適合との評価

ます。

コウヨウザンの原産地であり広大な造林地を抱える中国では、もともと木造住宅がメジャーでないことから小径木をパーティクルボードなどに利用することが多く、台湾での聞き取り調査では、小径木を足場丸太として利用していたが現在では下火になっているとのことでした。

一方、わが国は木造住宅がメジャーであり、高度な技術力を有することから、中・大径木を使った柱、梁、板、集成材などへの利用についてわが国の出番を期待します。

コウヨウザン普及のための課題と対策

コウヨウザン造林への補助が広島県で最初に始まりました。庄原市にあるコウヨウザンの美林の調査からコウヨウザンの将来性に目を付けて始まったもので、広島県の黒田幸喜氏の記事に詳細に書かれています（本書「事例編1」46頁も参照）。その後、造林補助が島根、鹿児島、大分、高知の各県に拡がり、西南日本においてスギ、ヒノキに並ぶ造林樹種として期待されてきました。

これまでの調査からコウヨウザンがわが国でよく育ち、多方面に利用可能なことが明らかになりました。原産地の中部日本から北海道、東北に導入され今や引っ張りだこのカラマツですが、私が就職した約40年前は材のねじれや獣害、病害のため、植えたはいいが使えない、使いづらいと報道され心を痛めたのを記憶しています。それに比べると現時点のコウヨウザンは有利な点が多く、実用段階に入っています。今後は、材の利用技術の開発、普及をサポートするための育種、生理、生態、保護の研究を進めることで林業活性化への貢献が期待できます。

《参考文献》
・藤澤義武ほか（２０２０）コウヨウザンの心材含水率及び容積密度の茨城県から鹿児島県に至る７林分間の変異．関東森林研究71—1：81—84
・福田次郎（１９５８）Ⅶ.コウヨウザン．早期育成林業．産業図書株式会社
・近藤禎二ほか（２０２０）コウヨウザンの成長．森林遺伝育種９：1—11
・近藤禎二（２０２０）コウヨウザンの成長と育成．山林１６３３：36—44
・近藤時太郎（１９０８）琉球に於ける廣葉杉の生長状態．大日本山林會報３０９：19—23
・黒田幸喜（２０１８）コウヨウザンの特性と広島県の取り組み．山林１６１１：36—43
・大貫肇（２０２１）自立的に循環する林業へのファーストステップ—30年後の森林林業に向けたバックキャスティング—．森林組合６１１：5—10
・森林総合研究所林木育種センター（２０２１）コウヨウザンの特性と増殖マニュアル．https://www.ffpri.affrc.go.jp/ftbc/business/documents/koyozan_manual.pdf（２０２２年7月26日アクセス）

コウヨウザンの材質と利用の可能性

広島県立総合技術研究所林業技術センター
渡辺　靖崇・涌嶋　智

はじめに

コウヨウザンは適地では成長が早く幹が通直で、社寺林などでは胸高直径1m以上、樹高30m以上に達する個体も見られます。また、伐採後に萌芽更新が可能という特徴をもつため、再造林時における植栽樹種として期待されている「早生樹」の1つです。このため、木材利用の観点から、その材質や強度、使用できる用途などについて確認しておく必要がありました。

当センターにおいて、林齢が異なる国内4箇所のコウヨウザン林分（広島県庄原市、京都府京

写真1　作製したコウヨウザン材（広島県産52年生の平角材）

都市、千葉県鴨川市、茨城県日立市）から原木丸太を採取し、正角・平角材（写真1）、ラミナ（ひき板）を製材して、実大材の強度試験を実施しました。さらに、コウヨウザン材を材料とした集成材、LVL（単板積層材）、合板、パレットを作製し、その性能を調べました（注1）。

コウヨウザン材の特徴

表1は国内4箇所のコウヨウザン林分から採取した原木丸太について示しています。原木丸太の動的ヤング係数（＊注）は広島県、京都府、千葉県産の材の平均値で概ね9・0kN／㎟以上とスギより高めの値、茨城県産が7・4kN／㎟とスギと同等の値でした。これら生材の平均含水率は心材部で概ね50～70％、辺材部で200％超を示し、スギと比較すると心材部含水率が低いのが特徴です。

＊注：ヤング係数は剛性を示し、値が大きいほど変形しにくい。強度は壊れにくさを示しており、木材ではヤング係数と比例しヤングが高いと強度も高い。

表１　コウヨウザン材の調査林分と原木丸太

項目		広島県庄原市	京都府京都市	千葉県鴨川市	茨城県日立市
伐採時林齢（年）		52	47	34	22
調査原木丸太本数（本）		34	30	20	50
平均末口径（㎝）		33.9	30.4	25.3	22.3
原木丸太平均材積（㎥）		0.44	0.34	0.25	0.20
動的ヤング係数（kN／㎟）		9.37	9.97	8.99	7.43
平均含水率（%）	辺材	47	63	66	180
	心材	209	220	261	

※原木丸太は４ｍで採材した

製材・かんな掛け直後の材の表面は滑らかで、光の当たる角度によっては光沢が見えます。乾燥後の心材色は褐色～薄い黄褐色、辺材色は白褐色を呈し、早材部と晩材部の密度差が小さいため、材面に見える年輪はスギと比べると明瞭ではありません。材の乾燥条件は、最高温度１２０℃の高温セットで乾燥すると材色が濃くなり、内部割れが多く発生し、含水率の高かった茨城県の材では一部で表面の落ち込みも見られました。一方、80℃一定での乾燥では変色や内部割れもほとんど見られなかったので、コウヨウザンの乾燥は中温以下の条件が適していると考えられます。また、平均的な材の気乾比重はスギで0・38、ヒノキで0・41ですが（注2）、コウヨウザンでは茨城県産25年生のラミナで0・26～0・36、広島県産52年生ラミナで0・33〜0・43と低めで軽い材という印象です。材の表面や節の周囲に点状の小さな孔が列に並んで現れることがありますが、これは休眠芽の痕跡です（写真2）。

また、コウヨウザン丸太の切断面や製材後の表面、節部に小さな白色の針状結晶が析出してくることがあります。これはセドロール（cedrol）と呼ばれるセスキテルペンの一種で（写真3）、コウヨウザン材に含まれる精油成分の大部分を占めており、睡眠誘導につながる鎮静効果や抗蟻活性があると言われています（注3〜5）。

無垢材製材品（正角材、平角材）の強度試験

コウヨウザンの心持ち正角材（千葉県・京都府・茨城県産）及び平角材（広島県産）の曲げ、縦圧縮、めり込み、せん断試験（写真4）を行った結果を表2、図1に示します。

無等級材の曲げ基準強度はスギで22・2N／㎟、ヒノキで26・7N／㎟ですが、これをコウヨウザンの曲げ強度の5％下限値（基準強度に相当する値）と比較すると、広島県産でヒノキを上回り、京都府、千葉県、茨城県産でスギをやや下回っていました。

一方、見かけの曲げヤング係数の5％下限値については、普通構造材の基準弾性係数E0・

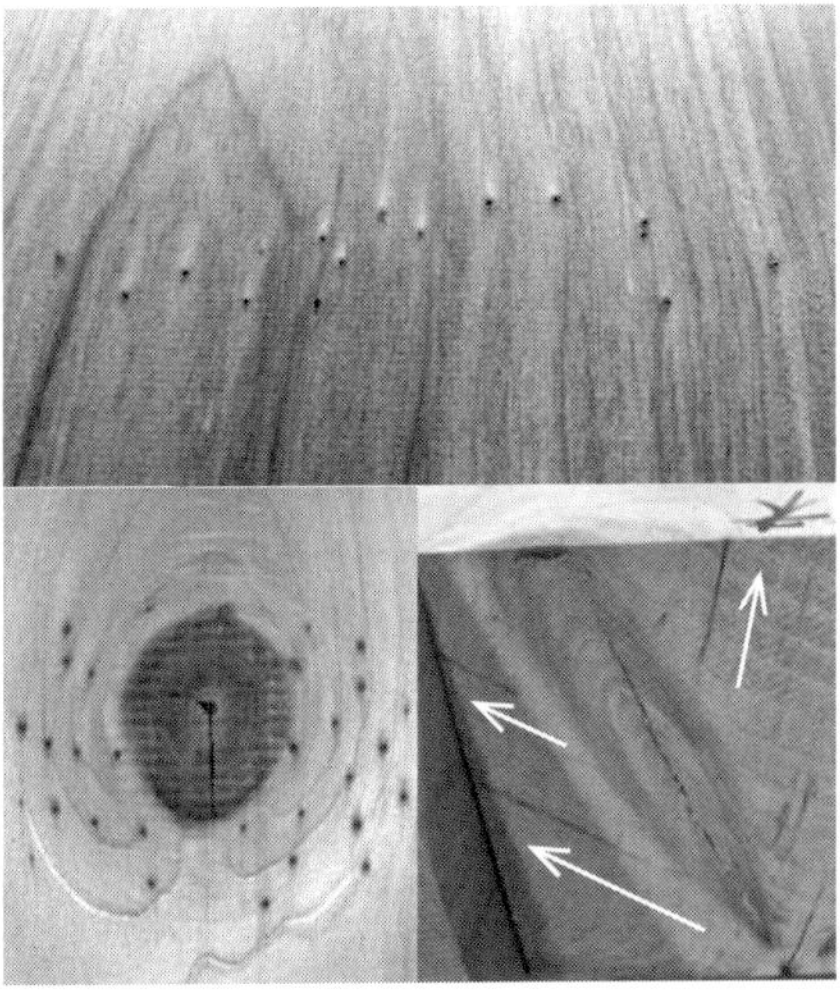

写真２　休眠芽の痕跡

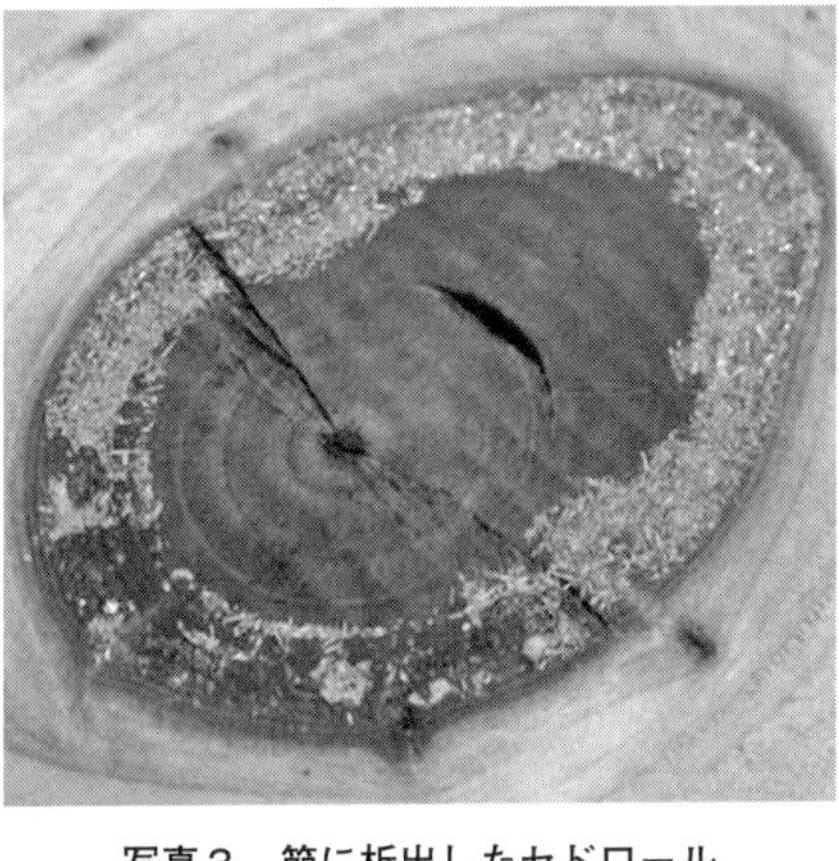

写真３　節に析出したセドロール

05と比較すると広島県産、京都府産がヒノキを上回り、千葉県産、茨城県産がスギとヒノキの中間の値を示しました。また、縦圧縮強度の5%下限値は広島県産でヒノキを上回り、京都府産でスギとヒノキの中間、千葉県産、茨城県産でスギを下回りました。めり込み強度は全産地でスギを下回るという結果でした（注6〜8）。

コウヨウザン材の産地で強度やヤング係数に差が見られましたが、この原因として遺伝的な要因（品種系統）、施業の違い（伐採樹齢や植栽密度、枝打ちの有無など）、材質の違い（節の多寡、木取りの違い、成熟材・未成熟材の割合など）が考えられます。

このようにコウヨウザン材は、スギやヒノキと異なる強度・剛性特性をもっていることがわかりました。強度的には茨城県産でも柱材への利用は可能であり、広島県産は梁・桁などの横架材として十分に利用できます。ただし、めり込み強度が低いので、土台角のような荷重がかかる利用をする際には注意が必要です。

集成材

集成材は一般的にラミナを4〜7枚重ねて接着した製品で、柱や梁・桁が主な用途です（図

曲げ試験

圧縮試験

めり込み試験

イス型せん断試験

写真４　無垢材製材品の強度試験

表２　コウヨウザン製材品（平角・正角）の強度試験結果

測定項目	単位	産地	試験体	試験体数	平均含水率	平均値±標準偏差	5％下限値	基準強度	
								スギ	ヒノキ
曲げ強度	N／㎟	広島県	平角	43	18.6%	41.5 ± 6.6	29.5	22.2	26.7
		京都府	正角	29	20.8%	31.7 ± 6.6	20.9		
		千葉県	正角	30	18.0%	27.1 ± 4.5	18.4		
		茨城県	正角	42	37.4%	23.3 ± 4.1	16.6		
見かけの曲げヤング係数	kN／㎟	広島県	平角	43	18.6%	9.69 ± 0.81	8.21	4.5	6.0
		京都府	正角	29	20.8%	8.27 ± 1.14	6.31		
		千葉県	正角	30	18.0%	7.04 ± 0.88	5.39		
		茨城県	正角	42	37.4%	6.34 ± 0.83	4.83		
縦圧縮強度	N／㎟	広島県	平角	43	15.2%	25.2 ± 2.3	21.3	17.7	20.7
		京都府	正角	29	14.0%	25.4 ± 2.9	20.5		
		千葉県	正角	20	14.8%	23.2 ± 3.1	17.4		
		茨城県	正角	43	17.5%	16.0 ± 2.0	12.4		
めり込み強度（材中央部）	N／㎟	広島県	平角	22	15.2%	5.45 ± 0.80	4.12	6.0	7.8
		京都府	正角	29	14.0%	5.75 ± 1.11	3.99		
		千葉県	正角	16	14.7%	5.25 ± 0.76	3.74		
		茨城県	正角	39	18.2%	4.24 ± 0.79	3.05		
せん断強度（実大いす型）	N／㎟	広島県	平角	40	15.6%	4.02 ± 0.70	2.82	／	／
		京都府	正角	30	13.4%	4.22 ± 1.14	2.09		
		千葉県	正角	20	13.4%	4.88 ± 1.22	2.85		
		茨城県	正角	42	12.3%	5.62 ± 0.98	3.83		

①スギ、ヒノキ基準強度曲げ強度、縦圧縮強度は建設省告示第 1452 号第６の無等級材基準強度に基づく。

②見かけの曲げヤング係数は日本建築学会木質構造設計基準普通構造材の繊維方向特性値の基準弾性係数 E0.05。

③材中間部めり込み強度は国土交通省告示第 1024 号第１第２号ロ（注３）に規定するめり込みに対する基準強度 Fcv に基づく。

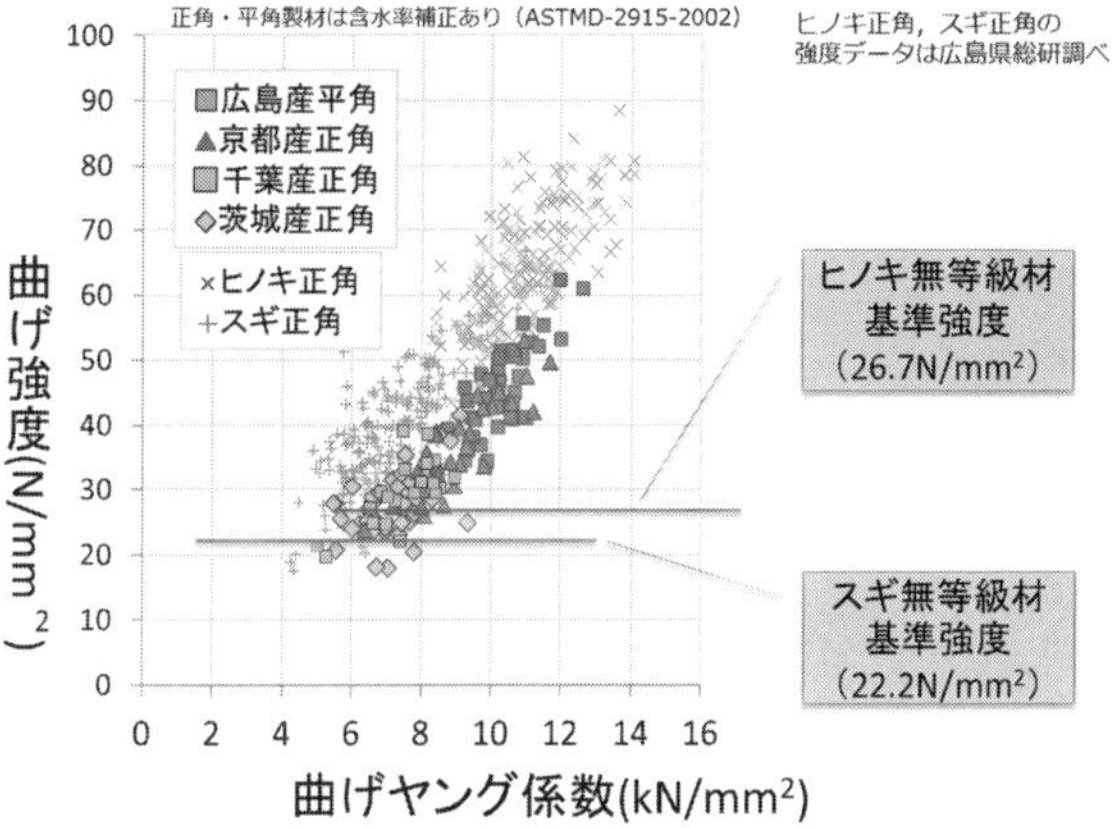

図１　コウヨウザンの曲げヤング係数と曲げ強度の関係

2上)。集成材はラミナにある節などの欠点を分散できるため、無垢材と比較するとヤング係数・強度のばらつきが小さくなります。また、接着する枚数を変えたり、ラミナを長さ方向につないだりすることで、必要に応じた寸法のものを作製することもできます。

コウヨウザンの集成材は京都府産47年生のラミナを用いて、ラミナの強度別に3水準(弱・中・強)に分けて全体が5層の同一等級の構成で作製しました。接着剤の塗布やコールドプレスによる接着は問題なく行うことができ、強度試験時の接着不良による破壊は発生しませんでした。強度試験はＪＡＳの試験方法に従って行い(写真5)、強度性能としては構成ラミナの強度が高くなるほど作製した集成材の強度が高く

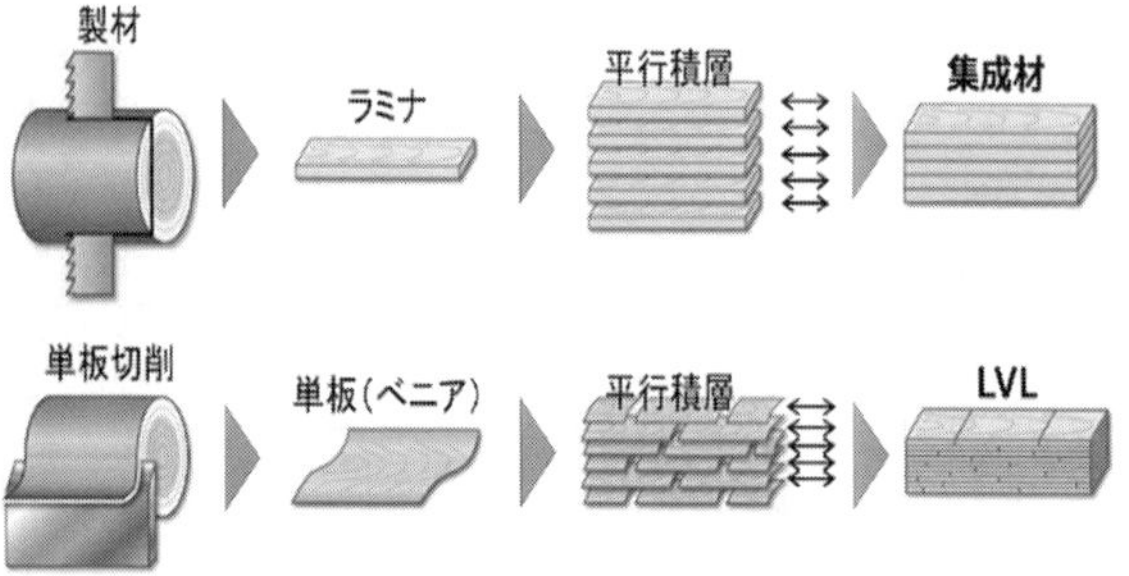

図２　集成材・LVL の作製方法

＊図は飯島（秋田県大）を改変

なる結果でした（図3）。これをコウヨウザン無垢材（表2）と比較すると、一番強度の高い広島県産材よりも「中」「強」のラミナを用いた集成材のほうが強い結果となり（注9）、これは、ラミナの欠点の分散によって安定した性能を発揮できたことが理由として考えられます。

LVL (Laminated Veneer Lumber　単板積層材)

ＬＶＬは、原木丸太から厚さ４㎜程度の単板を切削機で切り出し、乾燥した後に繊維方向を並行にして貼り合わせ、これを必要な寸法に切断して製品にします（図2下）。作製可能な製品寸法の自由度が高く、梁・桁と一体になった柱など様々な用途に利用されています。ＬＶＬは集成材よりも積層数が多く、欠点をさらに分散できるため、強度のばらつきは集成材と比較してより小さく

写真５　集成材の曲げ試験

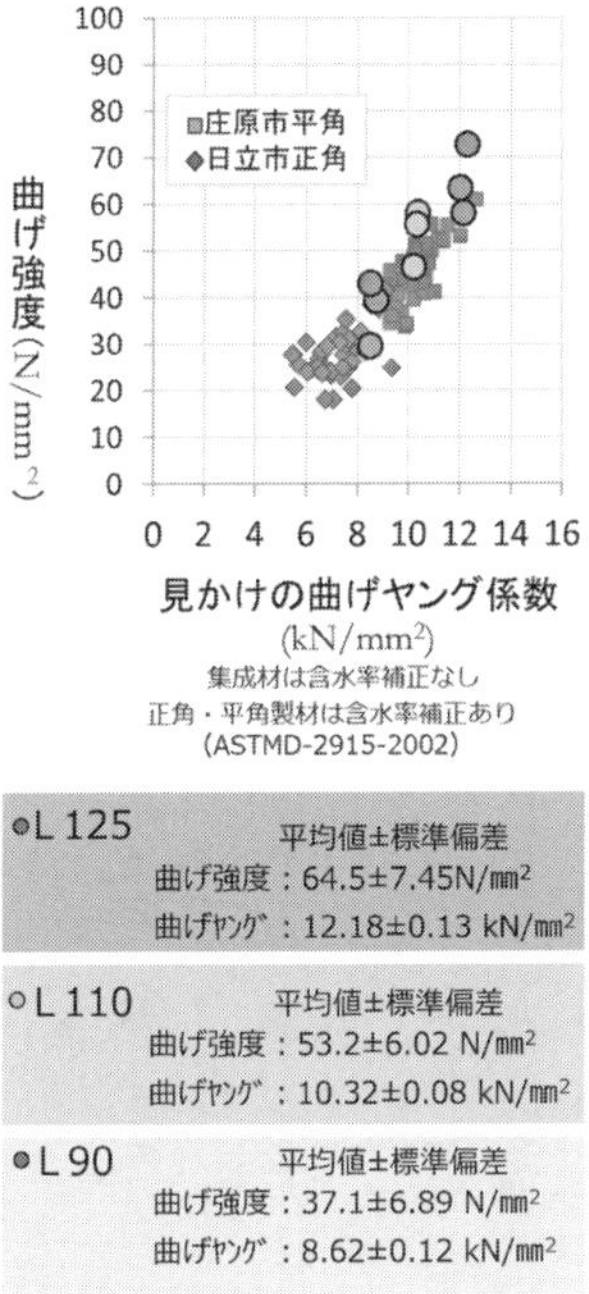

図３　集成材の曲げ試験結果

なり品質が安定します。

コウヨウザンのＬＶＬは広島県産54年生の原木丸太を用いて作製しました。単板の切り出し、乾燥、接着などはスギ・ヒノキと同等で問題なく製造でき、強度性能試験時にも接着層の剥離は発生していません。単板はヤング係数により強・中・弱に３区分し、各区分の単板同士を積層して強・中・弱の３種類の製品を作製しました。

作製したＬＶＬは、規定された方法に従い、曲げ試験、水平せん断試験、めり込み試験、縦圧縮試験を行いました（写真6）。曲げ試験の結果を同産地採取のコウヨウザン平角の５％下限値と比較すると、強・中・弱の３製品とも平角材を上回る結果となりました（図4）。これは積層により品質が安定し、さらに原木丸太の外側にある高強度の成熟材部を利用できたためと考えられます。また、ＬＶＬではめり込み強度が無垢の平角材より高い結果となり、コウヨウザン材の弱点の改善につながる可能性があります。本試験の曲げ試験結果をＪＡＳの基準強度に当てはめると、単板強度が「弱」の製品でヤング係数90Ｅ・曲げ強さ1級相当、「中」でヤング係数１００Ｅ・曲げ強さ特級相当、「強」でヤング係数１２０Ｅ・曲げ強さ特級相当となりました（注10）。

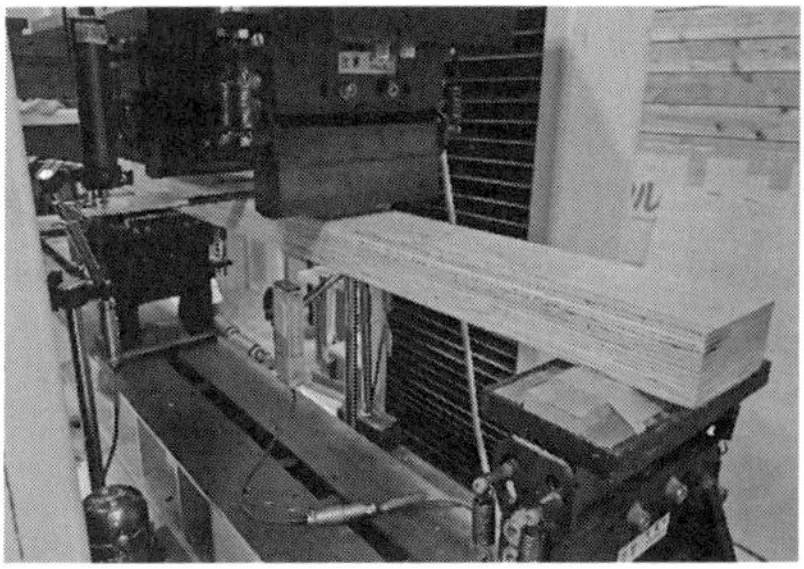

写真６　LVL の曲げ試験

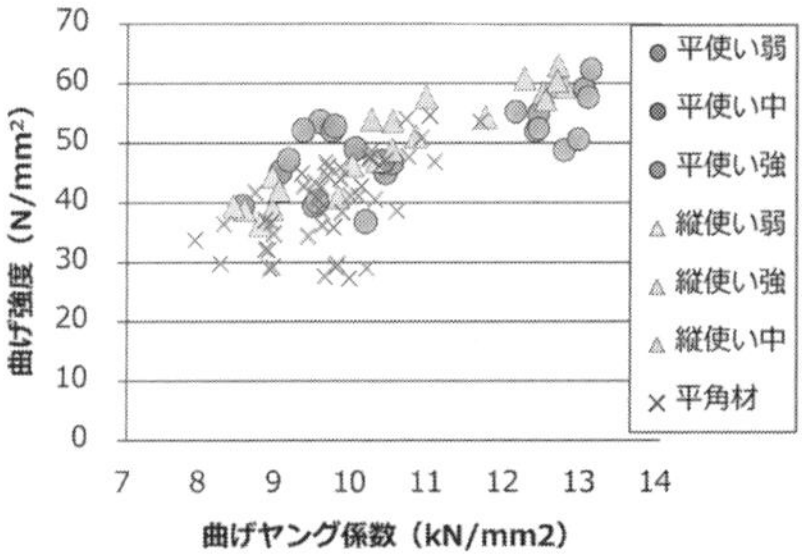

平角材(渡辺ら2017)

平均値　標準偏差

曲げ強度　：41.6±6.6 N/mm²

5%下限値　：29.5 N/mm²

LVL(平使い)

平均値　標準偏差

曲げ強度(全体)：49.5±6.6 N/mm²

5%下限値：(弱)32.9(中)41.2(強)46.1 N/mm²

LVL(縦使い)

平均値　標準偏差

曲げ強度(全体)：50.6±8.6 N/mm²

5%下限値：(弱)34.4(中)44.9(強)53.6 N/mm²

図４　LVL の曲げ試験結果

合板

コウヨウザンの合板は茨城県産25年生の原木を用いて作製しました。作製した合板は比重が0・36と軽いことが特徴です。強度試験として曲げ試験と曲げ剛性試験、1類及び2類の浸せきはく離試験を行いました（写真7）。合板も集成材・LVLと同様に試験体の接着不良による破壊は見られませんでした。曲げ剛性試験では、全試験体がJAS構造用合板2級の基準を満たすとともに、1類及び2類の

曲げ試験

曲げ剛性試験

写真７　合板の曲げ・曲げ剛性試験

浸せきはく離試験の基準も満たしていることが確認できました（注1）。

合板は、使用用途の特性から曲げ強度よりも剛性が重要であることから、強度性能試験においても曲げ剛性を重視します。コウヨウザン材は曲げ剛性が高いため、合板としての利用にも向いていると考えられます。

平パレット

平パレットは合板と同じく茨城県産の25年生の原木で作製しました。平パレットには様々な規格がありますが、今回は木製平パレットの中で最も流通量の多いT11型と2番目に多いT14型を試作しています。完成したコウヨウザン製のパレットは市販のスギ製パレットと比較して20％程度軽量でした。JIS Z 0602-1989に従って、脚部圧縮試験、曲げ試験、下面デッキボード試験、落下試験を行った結果（写真8）、T14型は一部基準不適合でしたが、T11型は基準に適合した性能があり、コウヨウザンを平パレット作製の材料に利用可能であることがわかりました（注11）。

脚部圧縮試験

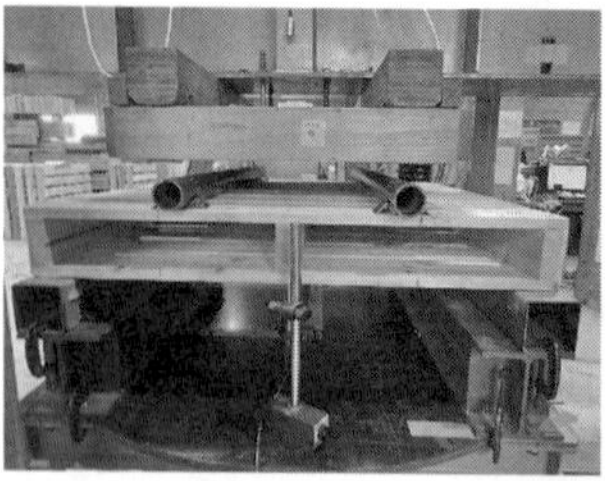

曲げ試験

下面デッキボード試験

落下試験

写真８　平パレットの強度試験

その他の利用

近年、バイオマス発電所が各地に整備され、木材のバイオマス燃料利用への期待も高まっています。コウヨウザンは成長が早いこと、萌芽再生による再造林省力化に加え、燃焼時の高位発熱量がスギ・ヒノキと同等であるとの報告もあり（注12）、バイオマス利用にも適している可能性があります。また、製紙用チップやテルペン類などの抽出成分の原料としての活用も想定されます。

謝　辞

本研究は平成27～29年度農林水産業・食品産業科学技術研究推進事業「西南日本に適した木材強度の高い新たな造林用樹種・系統の選定及び改良指針の策定」、及び平成30～令和2年度イノベーション創出強化推進事業「木材強度と成長性に優れた早生樹コウヨウザンの優良種苗生産技術の開発」により実施しました。製品作製に当たっては、中国木材㈱、㈱オロチ、㈱佐々部材木店、鳥取県林業試験場、（一財）広島県森林整備・農業振興財団にご協力いただきました。

《引用文献》
・注1　生方正俊、近藤禎二、山田浩雄、大塚次郎、鵜川信、涌嶋智、坂田勉、渡辺靖崇、兼光修平（２０２１）コウヨウザンの特性と増殖マニュアルオンライン（https://www.ffpri.affrc.go.jp/pubs/chukiseika/documents/4th-chukiseika41.pdf）
・注2　社団法人全国林業普及協会発行（１９９８）林業技術ハンドブック１９６９pp
・注3　松井直之、楠本倫久、橋田光、大平辰朗、磯田圭哉（２０２０）コウヨウザン材の精油とその構成成分について．第70回日本木材学会大会発表要旨集M17：P３—10
・注4　齋藤聖馬、楠本倫久、橋田光、磯田圭哉、吉村謙一、芦谷竜矢（２０２２）コウヨウザン（Cunninghamia lanceolata）心材抽出物のヤマトシロアリに対する活性．木材学会誌Vol.68 No.4：P１７２—１７８
・注5　山本由華吏、白川修一郎、永嶋義直、大須弘之、東條聡、鈴木めぐみ、矢田幸博、鈴木敏幸（２００３）香気成分セドロールが睡眠に及ぼす影響．日本生理人類学会誌Vol8：No2
・注6　渡辺靖崇・涌嶋智・藤田和彦・小西浩和（２０１７）広島県で生育したコウヨウザンの強度性能．第67回日本木材学会大会研究発表要旨集99—１００
・注7　渡辺靖崇、涌嶋智、藤田和彦、小西浩和、西川祥子（２０１９）茨城県で生育したコウヨウザンの強度性能．第69回日本木材学会大会研究発表要旨集D15：P11
・注8　渡辺靖崇、涌嶋智、小西浩和、西川祥子、近藤禎二、山口秀太郎、生方正俊（２０２１）京都府・千葉県で生育したコウヨウザンの強度性能．第71回日本木材学会大会発表要旨集１：04—11
・注9　渡辺靖崇、山本健（２０１９）京都府産コウヨウザンラミナから作製した集成材の強度性能．日本建築学会大会学術講演梗概集（北陸）構造Ⅲ：21—22
・注10　渡辺靖崇、涌嶋智、齋藤一郎、山本健、川上敬介、清水淳一、酒井将秀（２０２０）広島県産コウヨウザンLVLの強度性能．第70回日本木材学会大会研究発表要旨集D17：P１—22
・注11　渡辺靖崇、涌嶋智、齋藤一郎、山本健、近藤禎二、生方正俊（２０２０）茨城県産コウヨウザン平パレットの強

度性能．２０２０年中国・四国地域木材関連学協会支部合同セミナー発表要旨集17―18
・注12　古曳博也（２０１７）木質バイオマスの効率的エネルギー利用に関する研究．大分県農林水産研究指導センター林業研究部年報No.59：22―27

事例編 1

コウヨウザン造林の導入事例

広島県のコウヨウザン造林の状況と今後

広島県農林水産局林業課　林業経営・技術指導担当主査
黒田　幸喜

はじめに

広島県は、2021（令和3）年3月に10年後の姿を見据えた新たな取組として「安心▽誇り▽挑戦ひろしまビジョン」の実行計画である「2025広島県農林水産業アクションプログラム」を策定した。林業分野の方向では、森林資源の経営サイクルの構築のために、コウヨウザン造林の普及を位置付けて、課題解決のための取組を行っている。

広島県のコウヨウザン造林地と取組のきっかけ

広島県には、国内最大の壮齢林であるコウヨウザン造林地（２０２１（令和３）年時59年生、０・６ha、庄原市、写真1）が存在する。造林したのは、台湾帝国大学付属農林専門部（現在の国立中興大学）の教授で、その後、北海道大学名誉教授となった故・八谷正義氏（写真2）である。この造林地は当時、活況を呈していたパルプ用材向けの新たな樹種として、成長の早いコウヨウザンを自らの所有林に試験的に植栽したと伝わっている。

２００９（平成21）年頃、広島県ではこの庄原市のコウヨウザン林分の成長の良さや、伐根跡の萌芽枝（写真3）が発生していることを確認していた（注1）が、その3年後に、当時、九州森林管理局の森林整備部長だった大貫肇氏（現・株式会社物林新事業推進担当部長）からコウヨウザンの合板や、建築材の試作品の強度等について情報を得る機会があり、これを機に、広島県で新たな造林樹種として検討を始めたのが取組のきっかけであったと記憶をしている。

コウヨウザンの特徴

コウヨウザン造林の特徴は、大きく分けて「早期成長・早期収穫」「通直で形質が良好」「萌芽更新が可能」「材の強度が高い」という4つがあるが、これを項目ごとに説明する。

写真１　コウヨウザン造林地　59 年生（令和３年時）

写真２
コウヨウザンを造林
した故・八谷正義氏

写真３　切株から萌芽する様子

(1) 早期成長・早期収穫

国内のコウヨウザン林分の調査結果（注２）から、適地では、材積成長が「平均的なスギの成長の２倍」という研究結果が得られている。広島県ではこの成長の良さを生かして、長期的には早期収穫（30年伐期）を目指し、短期的には下刈りの省力化が図れることで、保育コストの削減による林業の採算性が向上すると考えている。

(2) 通直で形質が良好

コウヨウザンは、スギに似て幹が通直で形質が良好である。また、１事例であるが、広島で測定した個体の樹幹形状は、樹高、直径が同じ標準的なスギと比べて、より完満（注３）であることが判明している。

(3) 萌芽更新が可能

コウヨウザンには強い萌芽力があり、この性質を使って伐採後の萌芽更新により、大幅に林業の採算性を向上させることが考えられる。広島県の八谷所有山林では、萌芽枝が順調に生育を続け、伐採後の10年目には、樹高が８・０ｍ、胸高直径が12㎝となっている（写真４）。

このコウヨウザンの萌芽特性は、獣害被害を受けた後でも再生し芯立ちが見られており、広島県内の造林地でもある程度の食害耐性が確認されている。ちなみに「中国主要樹種造林技術」(注4)では、「萌芽更新は、中国湖南祁陽、広東楽昌、九峰、福建尤渓、武平、建寧、浙江龍泉、贛南、桂南東、黔东南などの地域で行われており、初期成長が早く、労働力が節約できる」とある。

萌芽更新

写真4　上は伐採後2年目(2009年8月)、下は伐採後10年目

樹高8m、胸高直径12㎝
(八谷氏所有山林 庄原市 2017年撮影)

また、「この萌芽更新は2~3世代が更新可能であるが、それ以降の萌芽更新は早熟しやすく、曲がりやすく、材質が劣るため、新たに実生造林を行うべき」とあり、検証が必要な造林特性を持つ。

なお、この萌芽枝は芽かきを必要とするが、このときに採取した萌芽枝は発根が良いため、挿し木による苗木育成に適している。また、萌芽更新は新規に植栽する場合と比べて上長成長が良いため、下刈りそのものの省略化の可能性があり、今後も検証が必要な項目である。

(4) 材の強度が高い

これまでの研究成果（注2）では、国内のコウヨウザン造林地である広島県庄原市、京都府京都市、茨城県日立市、千葉県鴨川市のコウヨウザン林から産出した丸太から、柱・梁材を製材し、強度を調べている。その結果、動的ヤングのピークは、広島がE110、京都がE90、千葉、茨城がE70という結果が判明し、ヒノキ、スギと遜色のない強度が得られることがわかった。

また、この研究（注2）では、集成材とLVLについても強度試験を行っているが、構成する材の強度に応じて強度「強」ではL125、強度「中」ではL110、強度「弱」ではL90という結果となり、ヒノキ並みからスギ並みの強度が確認されている。ポイントとしては丸太の中心部から10～15年は未成熟で強度はスギ並みと弱く、その後は強度が高くヒノキ並みとなることから、このような強度の高い単板を作る場合、材の強度が大きい成熟材の割合を増やすような原木丸太生産が必要である。

(5) その他の特徴

これらの4つの特徴以外にも特筆すべき材の特徴としては、心材含水率が低いため、乾燥は早く容易、病虫害が少なく、シロアリに強い等がある。また、保育上の特徴としては、下刈りは3年程度、自然落枝し枝打ちしなくても良いなどの特徴を有している。さらに「中国主要樹種造林技術」（注4）によると、中国では、伐採後、火入れした伐根から発生した萌芽枝（火苗）を使い、直刺し造林を行っている地域もあり、今後検証が必要な特性を持っている。

広島県の取組

広島県では2012（平成24）年からコウヨウザンに関する取組を開始した。当初は林分調査等の情報収集から始まり、苗の育成、種子の確保、材質試験や木材利用の検討、研究機関による支援、造林地の調査、獣害被害の確認やその対策等について、関係機関と連携しながら取組を進めている（写真５）。これを時系列にまとめると表１のとおりとなる。

次に、現在の広島県のコウヨウザン造林の実績等を述べたい。

広島県における苗木生産量と造林実績

苗木生産の年度別推移は図１、表２のとおりで、２０２０（令和２）年度末の生産量は裸苗８０４０本、コンテナ苗４万６５７６本の合計５万４６１６本である。なお、苗木生産では、２０１９（平成31）年度が突出しているが、これは農林中央金庫の助成事業の支援により苗木生産の量産化や育成技術の開発を実施したためである。

次に、県内におけるコウヨウザン造林は、２０１６（平成28）年度末から行われており、２０２０（令和２）年度末までの植栽面積は、図２、表２のとおり約43・76haとなっている。同年度までには、県内15の森林組合のうち14の森林組合が造林を行った。また、民間事業体では６社が造林を行っている。なお、民間事業体のうち２事業体は今後、独自にコウヨウザンの

表1　広島県におけるコウヨウザンの取組

年度	取組内容
H24	・八谷所有山林の面積・林分材積等の調査実施。 ・コウヨウザンのシカによる食害確認。
H25	・苗木生産者と挿し木の育成を試みるが、芯が立たず枝性の問題が出る。 ・国内で輸入種子を取り扱う会社を探し、県内に緑化樹種の種子を輸入する会社からコウヨウザン種子調達可能との情報を得る。その後、裸苗生産開始。発芽率や成長に問題なく苗木生産の可能を確認。 ・国内外のコウヨウザンに関する資料収集を行い、造林特性等の情報を得る。 ・県内の寺社、民地等にあるコウヨウザンの個体確認を開始（R4年1月までに県内67ヵ所の存在を確認）。
H26	・中国木材㈱に働きかけ、コウヨウザンの強度試験実現（立木1本から材長4.0ｍ5本の丸太を採取し、中国木材が製材・乾燥し、林業技術センターが強度試験を実施）。その結果、梁、桁の指標であるヤング率はスギの値を超え建築材としての可能性を示すことが判明。 ・国立研究開発法人森林研究・整備機構森林総合研究所林木育種センターを訪問し、コウヨウザンに関する情報交換。同センターでは研究者が海外協力支援事業で取り組んだ実績があり、同センター内に植栽されたコウヨウザンの成長量等の情報を得た。
H27	・H27年から3ヵ年にかけて、林木育種センター、中国木材㈱、鹿児島大学、広島県総合技術研究所林業技術センターの4者が参画した「西日本に適した木材強度の高い新たな造林樹種・系統の選定及び改良指針の策定」が採択、実施。その結果、国内のコウヨウザンの系統や、基礎的な苗木生産方法、材質試験の研究成果を得る。
H28	・コウヨウザンを造林事業の補助対象とするため、国に外国樹申請を行い、H28年度より造林事業での補助採択が可能となる。よって、この年より造林事業による支援開始。 ・県では暫定の施業計画を作成し、地域森林計画にコウヨウザンの技術的な指標を示した（現在、コウヨウザン造林に必要な「暫定収穫表」等は、2021年発行「コウヨウザンのマニュアル（注2）」中に記載）。
H29	・広島県森林整備・農業振興財団及び広島県樹苗農業協同組合が、共同で農林中金助成事業「農林水産業みらいプロジェクト助成事業」（H29～31）に応募し、採択。主な取組内容は「コウヨウザンのコンテナ苗の生産」「耕作放棄地への植栽を含むモデル林の整備」「採種園・採穂園の整備」。なお、県からは林業普及員と研究員が外部スタッフとして参加。その結果、コンテナ苗生産で得たノウハウがマニュアル化（注5）（ちなみに、広島県森林整備・農業振興財団、広島県樹苗農業協同組合は、このコンテナ苗生産の成果により、革新的造林モデル普及業務「新たな森林（もり）づくりコンクール2021」で林野庁長官賞受賞）。

H31	・「採種園・採穂園」では、林木育種センターが研究成果により選抜した八谷所有山林 22 系統（注６）と、新たに同事業で調査した江戸時代末期から県内で散見されるコウヨウザン植栽木の中から遺伝的性質の異なる３系統を選抜（注７）し、計 25 系統を母樹として、広島県林業技術センター内に全国初のコウヨウザン採種園・採捕園を造成。 ・同年 10 月、農林水産業みらいプロジェクト助成事業成果報告会が開催。
R3	・ノウサギの被害対策確立のため、R3 年度より広島県の単独事業である森林経営管理推進事業により「低コスト再造林実証事業」実施。現在、コウヨウザンのノウサギ対策やコンテナ大苗を使った実証を実施。 ・コウヨウザンの普及展示会実施（近畿中国森林管理局「森林（もり）のギャラリー」）。

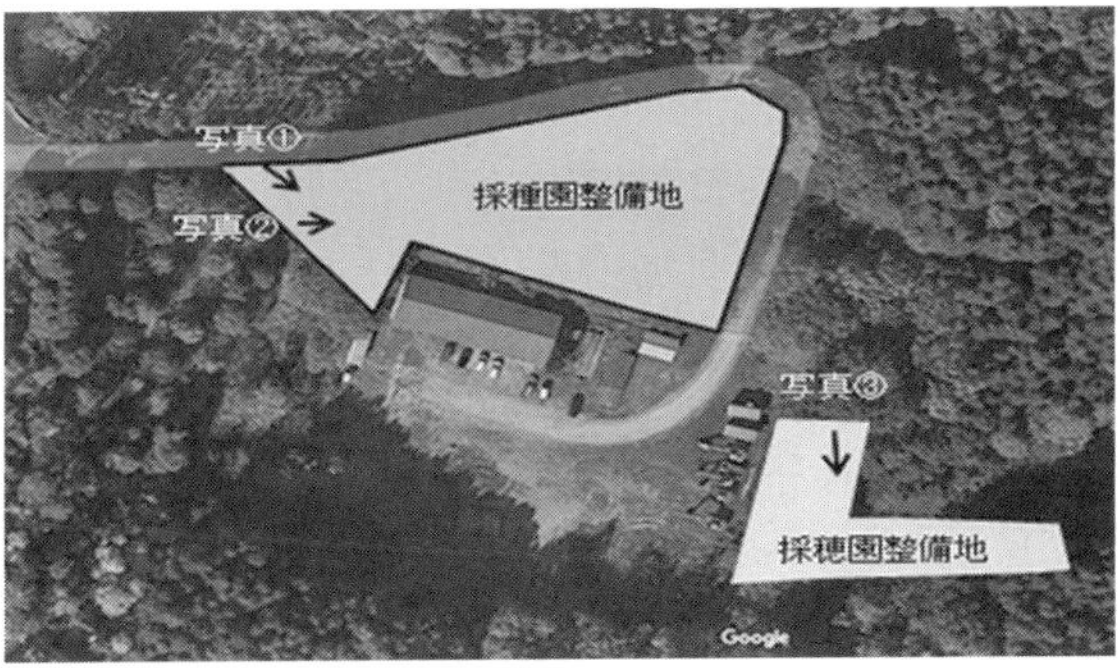

採種園

採種園近景

写真５　コウヨウザンの採種園・採穂園（三次市）

コンテナ苗を生産し、伐採から再造林をセットで事業展開しようと考えている。そこで広島県では、2020年春からコンテナ苗生産に関する技術的支援や情報の提供、国の補助事業を活用した施設整備等の支援を行っている。

コウヨウザン造林地の検証と生育状況

次に、コウヨウザン造林地の初期成長について、広島県の事例から説明をしたい。

(1) 広島県立総合技術研究所 林業技術センターの試験地（注8）の研究成果

図3は、林業技術センターの敷地内に苗高ごと（写真6）に植え分けして、その後の成長量を調べたものである。使用した苗はすべて1年生苗の裸苗で、2018（平成30）年4月に植栽した。苗高は「35～40㎝」「30～35㎝」「25～30㎝」「20～25㎝」の4つで、列状に植栽し、1区、2区で繰り返したものである（表3）。

各成長期の平均樹高を見ると、25㎝以上の苗木では2成長期の8月時点で平均樹高が1mを超え、3成長期後には平均樹高が2mを超える結果となっている。土壌条件や下層植生により

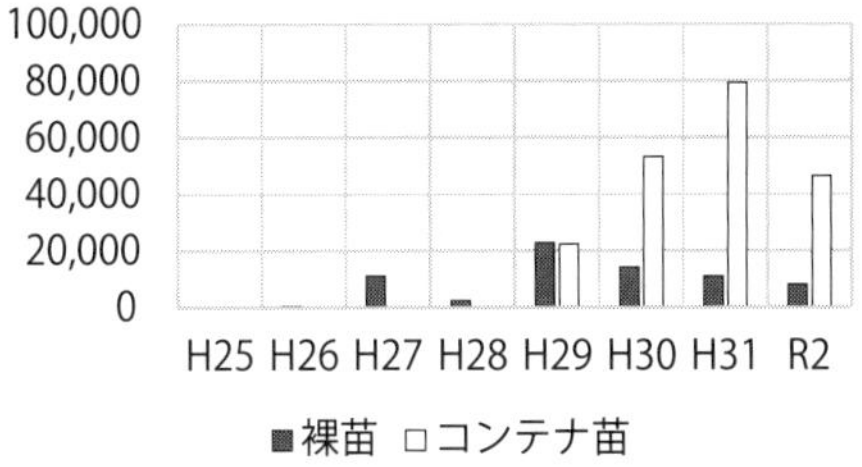

図１　コウヨウザンの年間生産量（本）

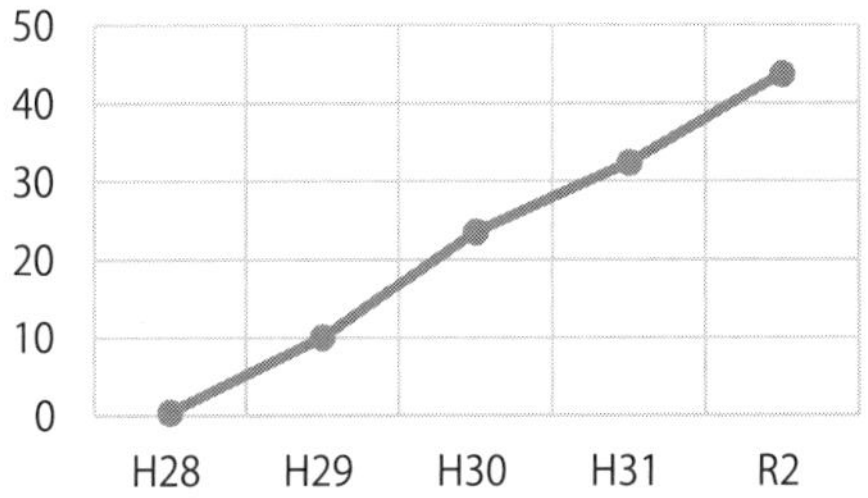

図２　広島県のコウヨウザン造林実績（ha）

表２　コウヨウザン造林面積と苗木の年間生産量

面積（ha）　生産量（本）

区　分	H25	H26	H27	H28	H29	H30	H31	R2
裸　苗	200	500	11,000	2,400	22,828	14,125	10,821	8,040
コンテナ苗					22,337	53,232	79,454	46,576
年間造林面積				0.4	9.61	13.56	8.82	11.37
造林実績				0.4	10.01	23.57	32.39	43.76

※苗木は、県外出荷分を含む　生産量は広島県樹苗農業協同組合調べ

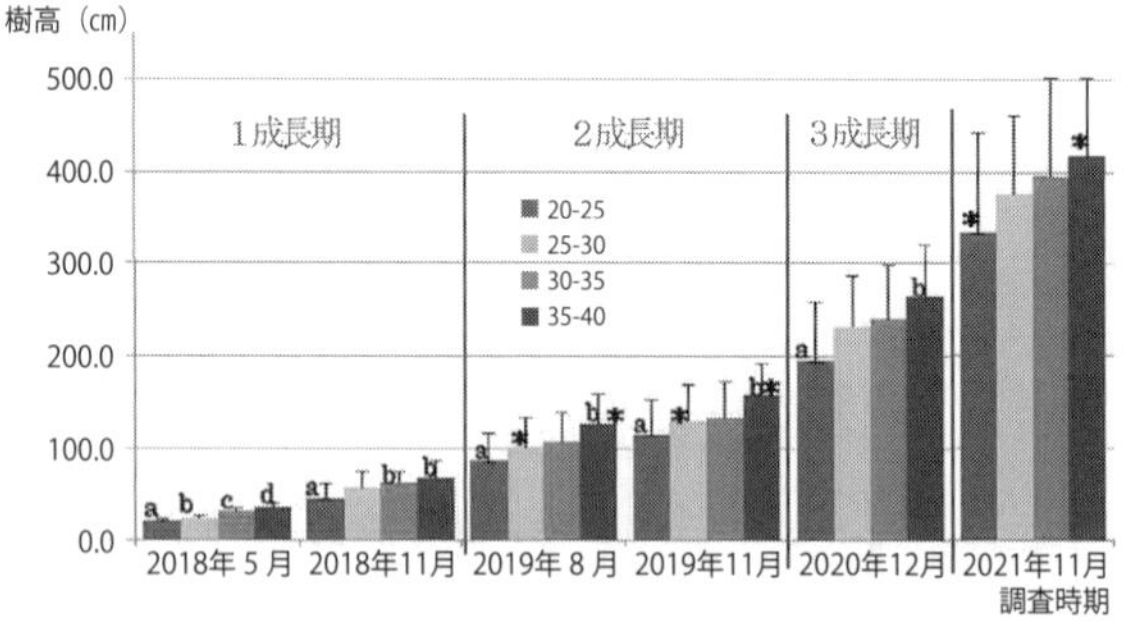

図３　平均樹高の推移

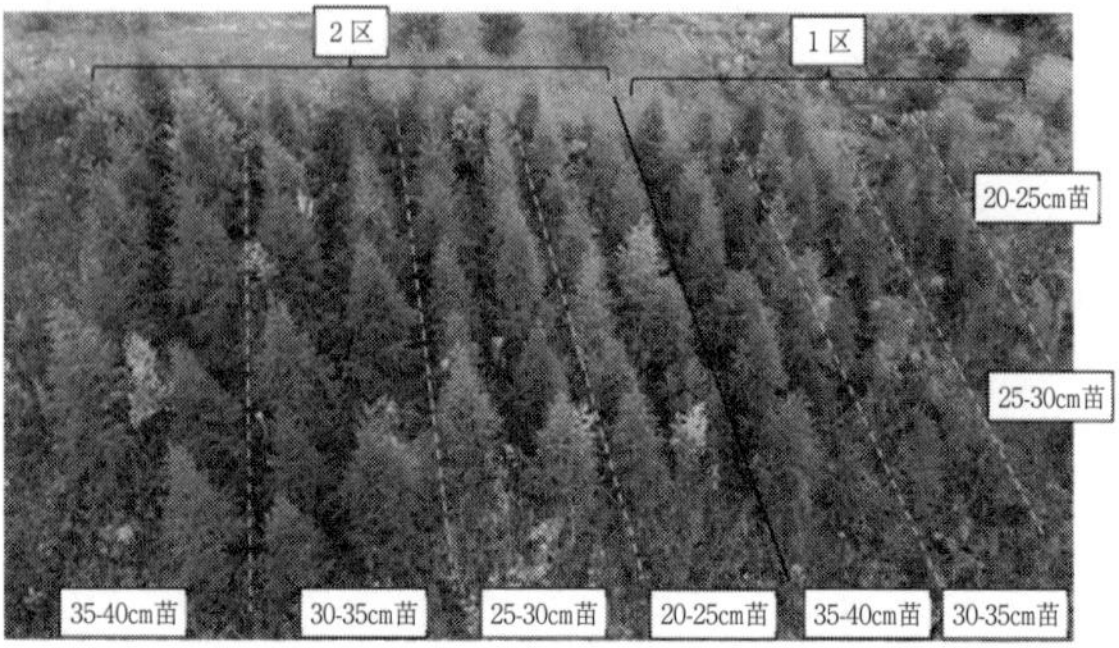

写真６　広島県立総合技術研究所
林業技術センター内のコウヨウザン試験地

一概には言えないものの、この試験の結果では、下刈りは2年、多くても3年程度で終えることが推察された。なお、苗木の規格としては、裸苗の場合、25cm以上が良いと考えられる。

４成長期終了の２０２１（令和３）年11月末時点の樹高と胸高直径（ＤＢＨ）の箱ひげ図を図４、５に示す。樹高の外れ値とな

表３　植栽地の概要

植栽地	林業技術センター三次市高平試験地	
植栽日	2018 年 4 月 20 日	
苗木	コウヨウザン実生１年生裸苗	
植栽本数・植栽密度	104 本　2500 本／ha	
植栽地の概況	南向斜面上部、弱乾性褐色森林土（クロボク混じり）	
忌避剤、散布日	コニファー水和剤、1 回目：2018 年 5 月、2 回目：2019 年 1 月	
保育管理	全面下刈り：2018 年 8 月 17 日	
	つぼ刈り：2018 年 6 月 21 日（全木）、2019 年 8 月 2 日（50㎝以下）	
	つる切り：2019 年 8 月、9 月、2020 年 12 月	
調査日	2018年 5 月 11 日、11 月 30 日、2019年 8 月 8 日、11 月 21 日、2019年 12 月 17 日、2022年 11 月 29 日	

った木は初年の誤伐や1年目の冬以降のシカによる軸の折損・剥皮などの影響を受けたもので、下刈りを1年で終了したために下層植生の被圧下から抜け出せなくなっている。

胸高直径（ＤＢＨ）は樹高に比べてバラつきが小さく、よくまとまっており、形状比も樹高２ｍ以上の個体の平均値は75と良好である。また、写真1でも見られるように大きな植栽木間では枝先が接するようになってきており、来シーズンには樹冠が閉鎖してくると考えられる。

なお、この試験地ではノウサギの糞が見られるものの、食害は発生していない。植栽後３年間は単木的にシカによる皮剥ぎ害等が発生したが、４年目は枝先の軽い食害程度で影響は見られない。現在はシカやイノシシの獣道が試験地内に見られるものの、樹冠が閉鎖すればシカなどの侵入も減ると期待されている。

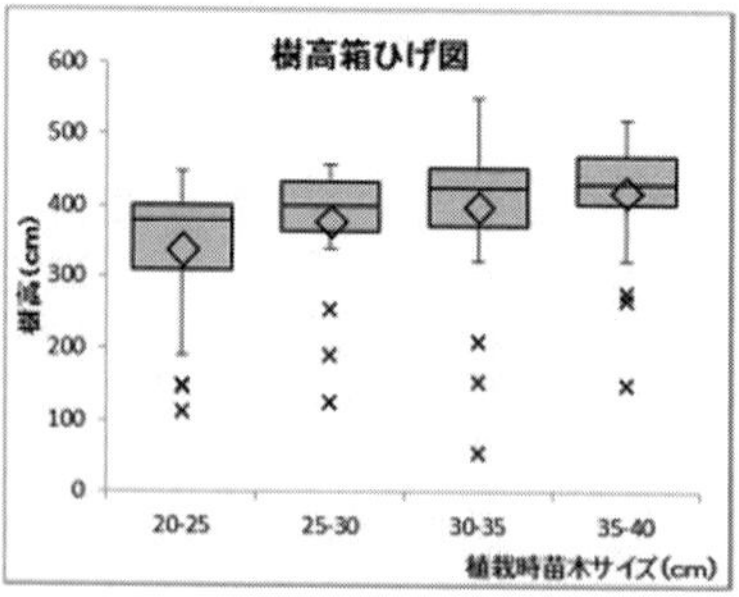

図４　苗木サイズ別の樹高（◇は平均値　×は外れ値）

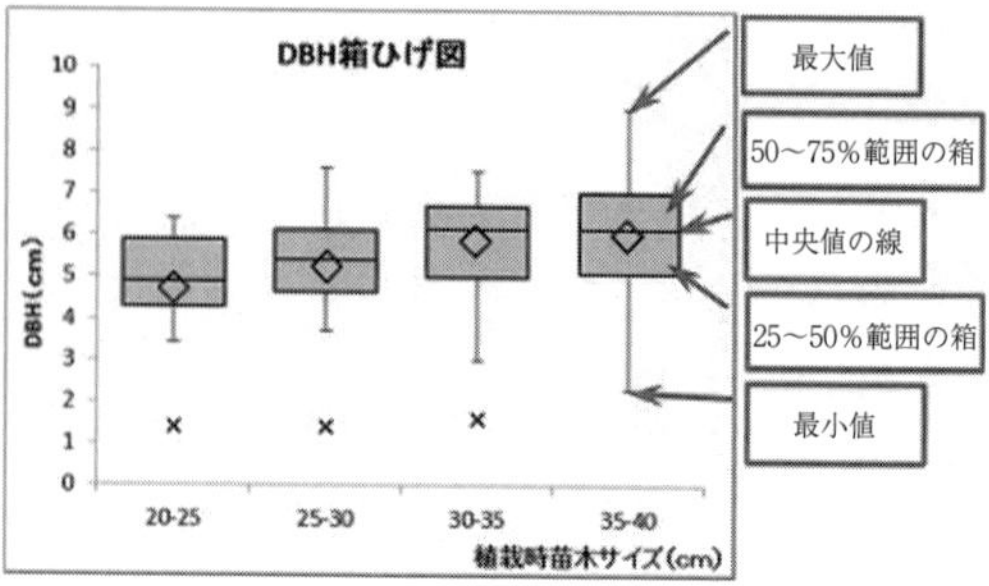

図５　苗木サイズ別の胸高直径（DBH）

(2) 北広島町志路原の造林事例

２０１７（平成29）年４月に、県内で初めてまとまった面積が植栽された造林地（写真７、表４）の状況である。苗木については、苗高25cm程度の１年生（裸苗）１２１５本、50cm程度の２年生苗２８５本、植栽面積は１・０haで、合計１５００本を植栽している。植栽年に軽微なノウサギの食害があったが、次年度からは被害もなく順調に成長している。植栽後４年１カ月が経過した２０２１（令

写真7
北広島町志路原のコウヨウザン造林地

表4　造林地の概要

場　所	広島県北広島町志路原
植栽年月	平成 29 年4月
植栽後経過年月	4年1ヶ月 (R3 年6月調査時点)
造林面積	1.0ha
現在の平均樹高	195㎝
植栽本数／ha	1500 本／ha
下刈り回数	3回 (30、R1、R2)
備　考	植栽時に軽微なノウサギ被害あり

和3）年6月の調査では、表4のとおり平均樹高が195㎝程度まで成長をしている。

(3) 庄原市西城町小鳥原の造林事例

2018（平成30）年3月に、植栽された造林地（写真8、表5）である。近隣にスキー場があり、県内で最も年平均気温が低い地域に造林された事例である。植栽時の苗木の苗高は50㎝の2年生苗で植栽面積は0・86ha、1290本が植栽された。2021（令和3）年2月に大雪があったものの、雪折れ等も見られず問題はないようである。前生樹を伐採した後、間もなく植栽されたことでノウサギの糞が見られず、食害も受けていない。表5のとおり、平均

写真８
庄原市西城町のコウヨウザン造林地

表５　造林地の概要

場　所	広島県庄原市西城町小鳥原
植栽年月	平成 30 年３月
植栽後経過年月	３年３ヶ月 (R3 年６月調査時点)
造林面積	0.86ha
現在の平均樹高	215㎝
植栽本数／ha	1500 本／ha
下刈り回数	３回 (H30、R1、R2)
備　考	植栽年の冬、先端に軽微な霜被害あり

樹高は２１５㎝まで成長している。斜面中腹より下側に植栽され、土壌条件が良いことから、今後も旺盛な成長が期待されている。

(4) その他の造林事例

これは広島県の事例ではないものの、興味深い資料があるので紹介したい。「中国主要樹種造林技術」（注４）によると、湖南桃源枫树公社では、造林時に肥料を施した結果、２年生幼林の平均樹高は２·３ｍ、平均胸高直径は２·６㎝となっている事例がある。また、畲田公社では植栽木の間に緑肥作物を間作し、３カ年それを土壌にすき込み、林地肥培と土壌改良をした結果、コウヨウザンの平均樹高が他と比べ31％程度大きいと述べている。

植栽された苗木の規格や土壌の条件等の説明がないため、技術的なことは何とも言えないが、近年日本では、樹脂系被覆肥料など肥効が長期に渡る種類も出ており、施肥造林については、今後、検証を行う価値があるものと考えている。

コウヨウザン造林の課題と対策

(1) 活着率とノウサギ被害について

良好な成長が見られる造林地がある一方で、課題も見られるようになった。図6は、2019（令和元）年度に広島県と（一財）広島県森林整備・農業振興財団が共同で調査した造林地の調査結果である。造林地は、0・1haのところや数haに及ぶ場所もあることから、標準地の設定では、造林面積が小さい箇所では1カ所、大きい造林地では複数を設置し、造林地12カ所（合計22・06ha）に27の標準地を設け調査したものである。

図6に示す棒グラフは、活着率（%）を示しており、全体の平均活着率は80%である。なお、調査箇所のうち活着率が悪く、枯損した造林地は3カ所であった。次に、枯損した原因を説明

する。

まず図に示す調査地①は、1年生苗で高さ20㎝程度の小苗を植林した直後にノウサギの被害を受けた造林地である。苗が小さいところでノウサギの被害を受けると萌芽再生できないため、枯損につながるという事例である。次に、⑨番の造林地では、水はけが悪く、根腐れを起こした場所であった。これは他の樹種と同様に、造林地は根腐れを起こさないように排水に留意する必要がある。また、⑫の造林地では、2年生のしっかりした苗を植栽したものの、暖かいところで育苗した苗を標高が高く気温の低い11月に植栽したために急な凍害に遭い、発根せずにそのまま枯損した造林地である。

次に、生存しているもののうち、獣害被害を受けている個体の割合は棒グラフの色で示している。白は被害なし、黒はノウサギ被害で被害率50％以上、グレーは50％未満の被害率、そして④の点線はシカ被害を示している。植栽地12カ所のうち8カ所でノウサギ被害があり、1カ所でシカの被害が見られた。このノウサギ被害のあった8カ所では、22カ所の標準地で50％以上の被害があった。なお最後に、シカ被害は1カ所で、被害率は１００％であった。

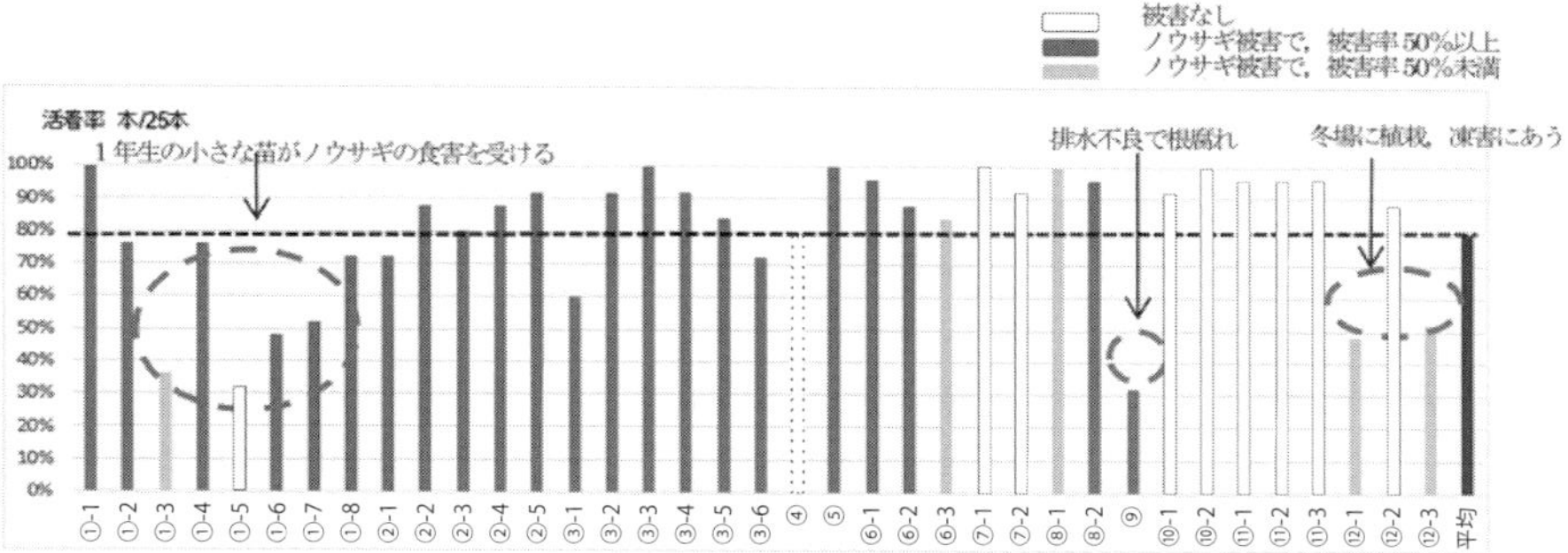

図６　コウヨウザンの植栽地（H 28～30 年度）調査結果　※調査時期　令和元年 10 月～11 月

写真９　図６⑤広島市佐伯区　食害を受けた個体

写真 10　図６⑤広島市佐伯区　食害を受けた個体

(2) ノウサギ被害対策の考え方について

コウヨウザン造林地のノウサギ被害が見られる一方で、解決の糸口もいくつか見えている。まず、ノウサギの被害については、単木保護に高い効果が見られるということが判明した。２０１７（平成29）年度から３カ年間、林野庁が実施した「早生樹利用による森林整備手法検討調査委託事業」（注９）によると、広島県内のモデル林を含むコウヨウザン造林地５カ所にネット系の単木保護を実施したところ、すべての箇所で被害率が０％だった。

これらの情報をもとに、広島県では、短期的に問題を解決するため、２０２１（令和３）年度より単木保護材を用い、県内４地区で検証することとした。この単木保護については、次の「(3)ノウサギ被害の単木保護対策について」の項で説明したい。

広島県では、短期的に単木保護による課題解決を目指す一方で、生態的な防除方法の検証も行っている。このノウサギ対策では、大きな苗を植栽し早期に成長させることで、ノウサギの食害がある期間を短くし、リスク軽減を図るというものである。特に主軸の被害は、親指程度以上になると切断されにくくなることから、いかにその期間に植栽木を守るかが焦点となる。

広島県の調査（注10）では、植栽直後、下刈り直後、融雪・積雪時にノウサギの被害を受けていることがわかった。また、ノウサギの生態に詳しい専門家の聞き取りでは、ノウサギの９

割は、1年未満の生存率と短命であることや、妊娠期間は50日程度で、年に幾度も出産し繁殖力が旺盛なこと、またha当り0・3頭で激害になるなど、ある程度の行動範囲があることや、林分が閉鎖した人工林では、食べる物がなくノウサギの頭数は極端に少ないこと等がわかった。

これらの結果により、ノウサギ被害は伐採後に再造林をせず、数年間放置することでノウサギの餌場ができ、また、旺盛な繁殖行動によりノウサギが増えた後、急に地拵えを行い、植栽することで、植栽木以外に食べるものがなくなって被害が激害化するという状況を作り出している可能性があることが想定される。

このようなことから、伐採後のすみやかな造林が効果的であるとともに、下刈り等についても被圧されにくい大苗を使い、下層植生と共生させるなどの手法が効果的と考えられる。

そこで、現在行っている実証事業では、小面積ではあるものの、プロットを設定してコンテナ大苗と無下刈りのセットで生態的な防除をめざした獣害対策を検証しているが、2023年度以降は更に拡大した取組を検討したいと考えている。

(3) ノウサギ被害の単木保護対策について

広島県では、次の3パターンの単木保護材を用い「令和3年度低コスト再造林実証事業」により、県内４地区において現地実証に取り組むこととした。

①広島県試作タイプ

県林業課が試作したもので、ホームセンター等で販売されている安価な材料（網戸用のネット：30ｍで３０００円程度）を筒状に加工（写真11、12）したものである。材料代は加工賃を含めて１枚１５０円程度と安価であり、また、軽量で施工性（１人１日３００枚以上）も優れている点が特徴である。今回の実証事業に先立ち、福山市や庄原市でも試行し、ノウサギ被害の有効性を確認しており、防除効果が期待できるものである。実証事業においては、急傾斜で、積雪の多い林地では単木保護材のネットが抜けたり、高さが75㎝しかないことから、積雪時に食害を受ける恐れがあり、これらの状況等を注意深く調査する必要があると考えている。

②不織布タイプ

材料が比較的安価で、また生分解性の資材を使用しているため、環境負荷が少ない点が特徴である。研究機関でも

写真11　県試作タイプを設置（廿日市吉和）中国木材株式会社所有林

写真 12
県試作タイプを設置した庄原市東城町の民有林

実証が行われているが、当実証地においても検証することにした。県試作タイプと同様に風や雪による破損等についても継続して検証が必要である。当事業では施工性の点で課題が見られたが、形状や現地施工前の加工等について、改善されたもので再試験が試みられている。

③チューブ系の単木保護タイプ

「農林水産業みらいプロジェクト助成事業」のモデル林で保護効果や成長の良さが見られ、また、広島県立総合技術研究所 林業技術センターの研究報告（注10）でも良好な効果が見られている既製品である。これらの試験地でも、ある程度の風雪に耐え、ノウサギ被害対策だけでなくシカ被害対策としても効果があり、また、製品の構造上から上長成長が良く、下刈りを省略できる可能性があることが想定されている。

課題としては、資材費が高額になることや、施工（広島県の事例：80個／人・日）に時間を要すること、また、人力運搬が必要な場所では作業員に負担がかかることなどがある。この製品の普及のポイントとしては、下刈り省略を含めた総コストによる経費の低減や、ドローンによる資材運搬、資材をリユースするなどの視点で検証することとし、普及の可能性を探りたいと考えている。

なお、この製品を含め、既存の単木保護資材の設置については、すでに広島県でも造林事業の補助対象としている。

(4) 指定施業要件（樹種指定）のある保安林における植栽について

保安林の指定施業要件に、スギ、ヒノキ等の樹種指定があるために、新たな造林樹種であるコウヨウザンが造林できないという課題があった。しかし正確に言うと、指定施業要件は、指定の手続きと同様に国や県に対して変更を申請することができるが、新しい樹種の申請であるために、必要な収穫表などの根拠資料がなく国や県に対して申請ができないというものであった。

広島県では、共同研究で作成された暫定収穫表をもとに、根拠を定めることとした。その後、２０２１（令和３）年度に初めて広島県内の事業体から指定施業要件の変更の申請があり、県は副申し国に申請したところ承認され、全国で初めて指定施業要件の変更によってコウヨウザン造林が実施できることとなった。この根拠資料となるコウヨウザンの収穫表は、マニュアル（注２）に掲載されているので、今後、コウヨウザン造林に取り組まれる方は参照されたい。

(5) コウヨウザン合板の刺激臭と結晶

「林政ニュース６５８号」（２０２１（令和３）年8月4日発行）に、コウヨウザンを利用した合板の試作品に「表面の結晶」があるとして、合板材料には不向きという意見の記事が出たため、関係者に聞き取りを行った。

今回、問題となった主成分は、１９１７（大正６）年に台湾総督府研究所の加福均三氏が「福州杉の揮発成分」という題で東京化学会誌に報告（注16）をしているセドロールという物質である（写真13、14）。この成分は、揮発成分であるため温度によって抽出量が変化することが明記されており、今回、加工時の温度等が影響したものと考えられる。

また、一般に木材の抽出成分は、辺材部よりも心材部で多く、若齢木よりも高齢木で多いとされており、問題とされるセドロールも同様な分布をしている可能性がある。

コウヨウザンは、福杉または福州杉として既に日本国内でも製材品が輸入され人の肌に触れる場所（羽目板）で既に使われており、販売会社では実際に売れ筋商品となっている状況がある。

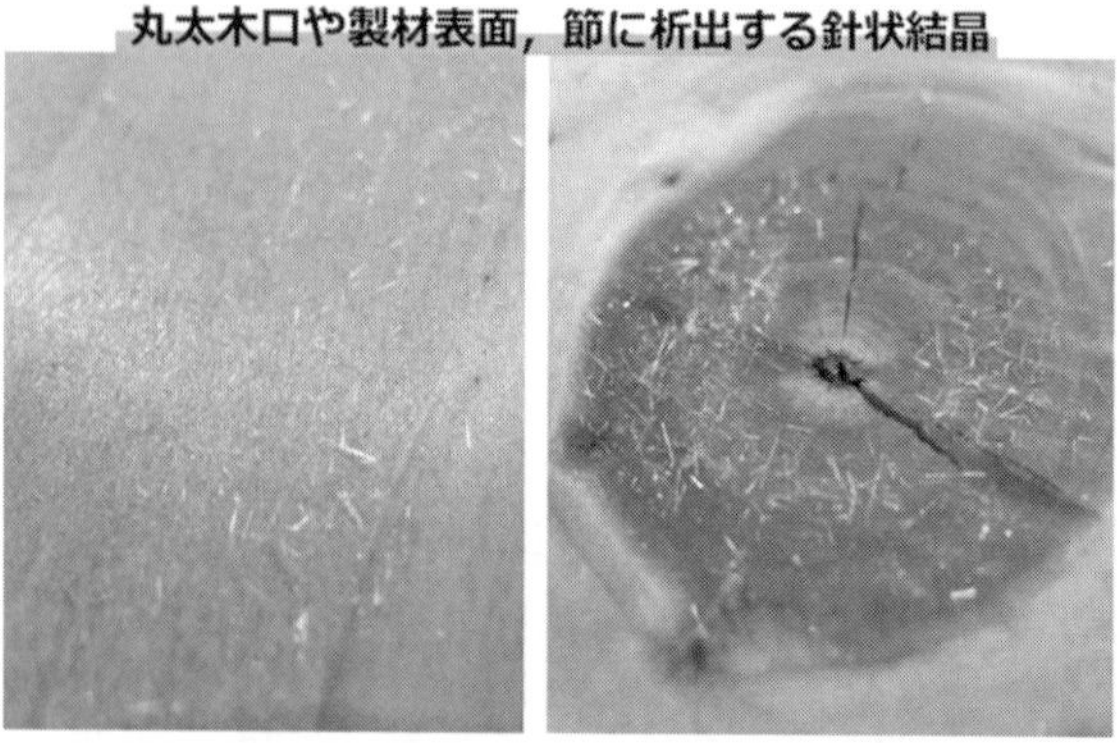
丸太木口や製材表面，節に析出する針状結晶

写真 13　心材や節に多く含まれるセドロール

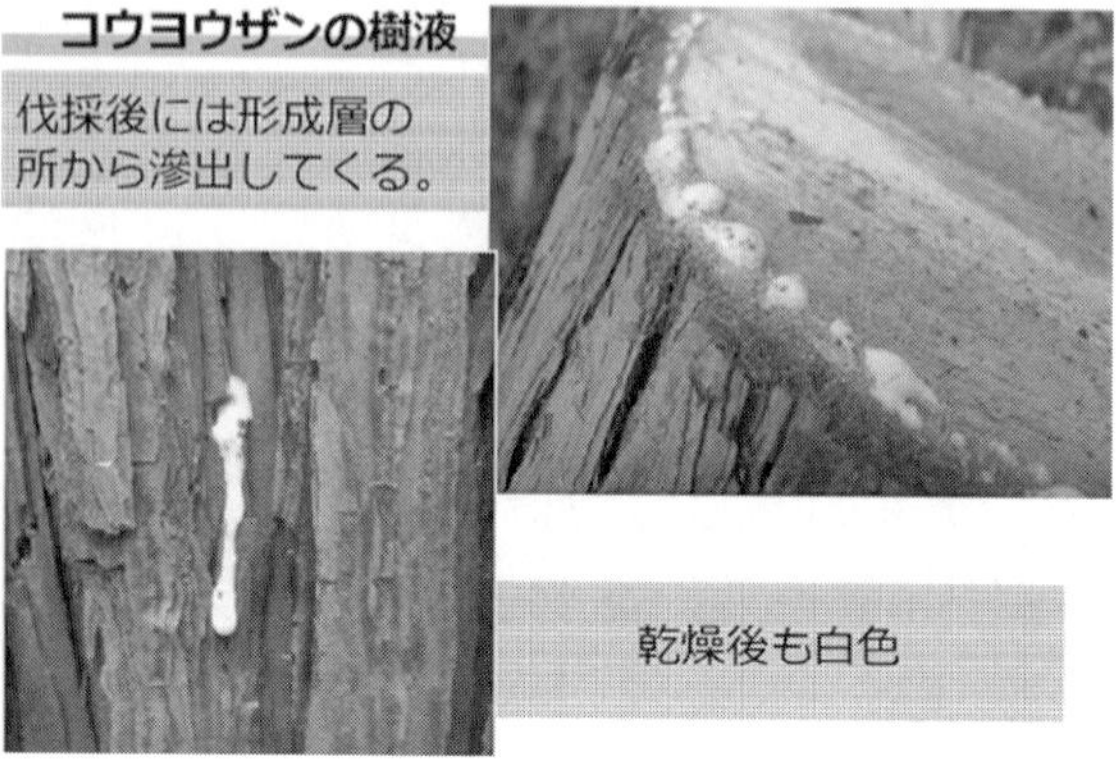
コウヨウザンの樹液
伐採後には形成層の
所から滲出してくる。
乾燥後も白色

写真 14　外皮内側に多くみられるコンムノール

また、中国南部では合板に大量に使われていることから、広島県では引き続き、関係機関と情報交換等をしながらコウヨウザンの活用の道を明らかにしていきたいと考えている。

終わりに

今回の報告では、これまでの広島県の取組や普及状況、課題と対策等について説明を行ったが、今後についても、①更なる優良な種子や穂木の確保、②苗木生産の安定化、技術の確立、③植栽についてはどこに植えたら良いか、④シカやノウサギの食害をどうするか、⑤植栽・育林の方法や森林の更新方法、⑥花粉等々の問題、また、⑦木材利用については、材質の評価の精度を上げ、何に使えるのかなど、引き続き検証し、成果を普及していく必要があると考えている。

優れた造林特性や材質をもつコウヨウザンが造林樹種として、今後、普及定着するためには、林業事業体や関係機関との連携が必要であると考えている。今後も引き続き、広島県のコウヨウザン造林の取組に、ご理解とご協力を賜るようお願いしたい。

なお、ここでは紹介できない研究成果や普及の取組等については、広島県立総合技術研究

所　林業技術センターのホームページ（注12）や広島県農林水産局（注13）、広島県の林業普及誌、関係機関のリンク先等々で情報を発信しているので、こちらを参照していただきたい。

《引用文献》
・注1　黒田幸喜（2018）コウヨウザンの特性と広島県の取り組み．「山林」8月号36
・注2　国立研究開発法人森林研究・整備機構森林総合研究所　林木育種センター、国立学校法人　鹿児島大学農学部、広島県立総合技術研究所　林業技術センター、住友林業株式会社、中国木材株式会社（2021）コウヨウザンの特性と増殖マニュアル8
・注3　涌嶋智・渡辺靖崇（2017）広島県におけるコウヨウザンの生育と材質．「公立林業試験研究機関研究成果選集NO14」P23
・注4　中国树木志编委会主编（1981）中国主要树种造林技术．中国林业出版社．北京
・注5　一般財団法人広島県森林整備・農業振興財団、広島県樹苗農業協同組合（2019）「コウヨウザンコンテナ苗生産マニュアル」．農林水産業みらい基金助成事業
・注6　磯田圭哉・松下通也・山田浩雄・近藤禎二・大塚次郎・生方正俊（2017）広島県庄原市のコウヨウザン林におけるクローン構成の解明と成長形質のクローン間変異の解析「第128回日本森林学会大会学術講演集」150
・注7　酒井将秀（2018）早生樹コウヨウザン普及の取組について．「森林応用学会公開シンポジウム早生樹コウヨウザンの可能性について発表資料」11

・注8　坂田勉（2022）コウヨウザン初期成長について（4成長期の記録）．広島県立総合技術研究所 林業技術センター令和3年度研究成果発表資料

・注9　林野庁（2019）「平成31年度早生樹利用による森林整備手法検討調査委託事業報告書」P157

・注10　古本拓也（2022）コウヨウザンに発生する獣害とその防除方法の検討．広島県立総合技術研究所 林業技術センター令和3年度研究成果発表資料

・注11　加藤均三（1917）福州杉の揮発成分．「東京化学会誌三十六項」P563．台湾総督府研究所

・注12　広島県立総合技術研究所 林業技術センターHP https://www.pref.hiroshima.lg.jp/soshiki/33/

・注13　広島県農林水産局　https://www.pref.hiroshima.lg.jp/soshiki/9.html

四国森林管理局管内におけるコウヨウザン造林の状況と今後

林野庁研究指導課技術開発推進室技術革新企画官
（前・林野庁四国森林管理局森林整備部技術普及課企画官）
安藤　暁子

四国森林管理局のコウヨウザン（辛川山）萌芽更新試験地

当管内土佐清水市の国有林内には、日本で唯一となるコウヨウザン第3世代萌芽更新試験地があります（写真1、表1）。当初の導入に至った経緯は不明ですが、１９３２（昭和7）年度に８００本の1年生苗を植栽し辛川山コウヨウザン初代林が誕生。その後、下刈り6回、つる切り2回、除伐1回の保育作業を経て、１９８８（昭和63）年度に57年生で皆伐、１９８９（平成元）

年度に第1世代の伐根からの萌芽により第2世代林へ更新しました。

更新後は、特段の施業は行わず自然の推移に任せていましたが、２０１６（平成28）年度に国立研究開発法人森林研究・整備機構森林総合研究所林木育種センターのプロジェクトがきっかけとなり同センターと「コウヨウザン植栽地における共同研究」の協定を締結、この林分を試験地として萌芽再生林における優良個体の選別等の共同研究を行うこととなりました。

２０１７（平成29）年度には第2世代林分を間伐し、現在は間伐木の伐根から第3世代の萌芽が旺盛な成長を見せています（写真2、図1）。

比較検証のため、１９８９（平成元）年度に行った第2世代の萌芽調査と同時期である伐採から15カ月目の２０１９（令和元）年度に第3世代の萌芽調査を行ったところ、第3世代でも萌芽力は衰えていないとの結果となりました（表2、写真3）。

このように、コウヨウザンは萌芽更新に際し、萌芽力が高く、植栽と比較して成長も早いことから、①再造林費の削減、②保育作業の省力化や低コスト化、③短期間での収穫による投資の早期回収などが期待されます。

写真1
辛川山コウヨウザン第3
世代萌芽更新試験地

表1　試験地の概要

更新／植栽年度	更新の種類	種類	署等	面積(ha)	本数	平均標高(m)	土壌型	平均傾斜角度(°)	方位	年平均気温(0.1℃)	年降水量(1㎜)	年合計日照量(0.1時間)
H29	ぼう芽	試験地	四万十	0.45	—	545.6	BD 敵潤性褐色森林土	23.7	南	13.7	3,159.5	2,115.7

※年間標高、平均傾斜角度は、国土交通省　国土数値情報ダウンロードサイト「標高・傾斜度5次メッシュデータ」から取得
（URL:https://nlftp.mlit.go.jp/ksj/gml/datalist/KsjTmplt-G04.-dhtml）
※年間平均気温、年間平均降水量、年間日照時間は、国土交通省　国土数値情報ダウンロードサイト「平年値メッシュデータ」から取得
（URL:https://nlftp.mlit.go.jp/ksj/gml/datalist/KsjTmplt-G02.html）

写真2
第3世代萌芽更新の林分
（2021〈令和3〉年11月）

・印は、伐採前に林木育種センターがGPS測量を行った株の位置。線内が主な間伐等施業箇所で、第３世代の萌芽成長が旺盛であることがわかる（データ提供：林木育種センター）

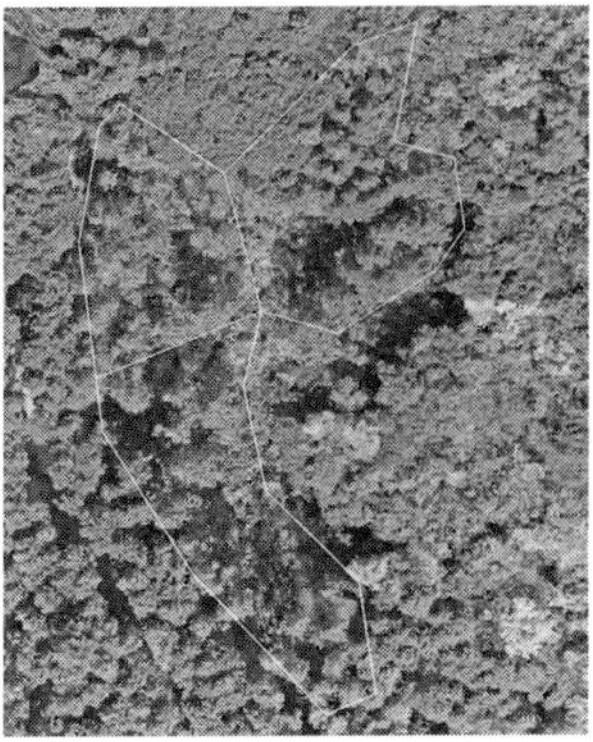

図１
2017（平成29）年度の第２世代林分間伐直後（左：2018〈平成30〉年３月）と右：現在（2021〈令和３〉年11月）の比較

表２　第２・３世代萌芽力比較

調査年度	株数	株平均萌芽本数	株毎最大樹高の平均	平均樹高	株毎最大根元径の平均	平均根元径
平成元年度	20	39 (12〜84)	81 (34〜130)	56 (26〜110)	1.4 (0.8〜2.6)	1.0 (0.6〜1.8)
令和元年度	30	332 (49〜715)	112 (51〜141)	34 (16〜48)	1.9 (0.6〜3.3)	0.4 (0.2〜0.7)

※平成元年度、令和元年度ともに伐採後15ヵ月目に調査

写真３　左は 2018（平成 30）年６月（伐採から４カ月）、右は 2019（令和元）年５月（伐採から 15 カ月）

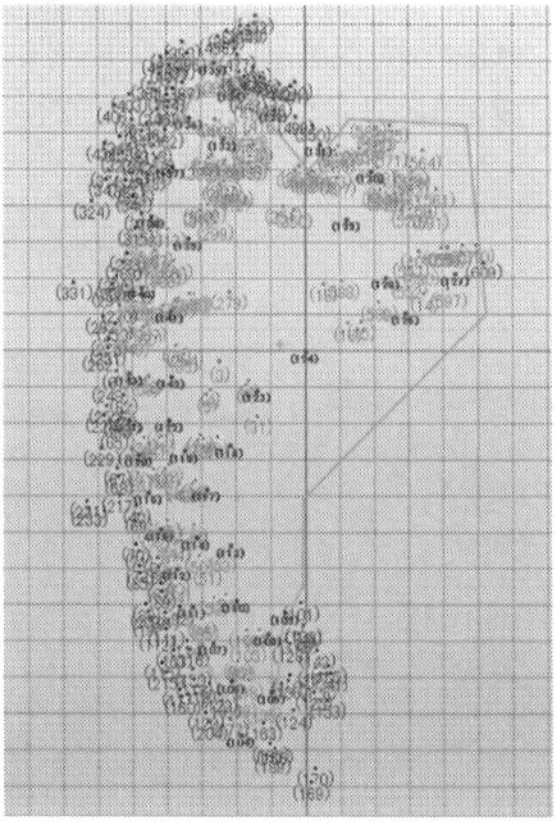

図２　地上型レーザースキャナによる残存木調査

萌芽成長過程での比較検証を目的に伐採直後に地上型レーザースキャナ（OWL）で残存木を調査。左が OWL（点群）、右が OWL（位置図）

コウヨウザンの材としての特徴

間伐材を活用し、材の強度、含水率、燃焼率の試験を行ったところ、辛川山（土佐清水市）のコウヨウザンについても、スギ、ヒノキの代替材として十分活用可能と思われる結果となりました。しかし、集成材の製作にあたってはスギ、ヒノキにはない課題も浮かび上がってきました。

①ヤング係数

間伐材（丸太）の動的ヤング係数（※辛川山のコウヨウザンの結果は暫定値）
コウヨウザンの人工林を対象とした既往調査の結果とほぼ同様（表３）。

②含水率及び燃焼率

含水率及び燃焼率（※辛川山のコウヨウザンの結果は暫定値）はヒノキと同程度（表４）。

③集成材としての評価

集成材を製作した際の評価では、スギ、ヒノキと異なる欠点が見られた（表５）。

表3　動的ヤング係数

調査箇所	土佐清水市（人工林）	庄原市（人工林）	京都市（人工林）	鴨川市（人工林）	日立市（人工林）
伐採時林齢（年）	30	52	47	34	22
丸太長級（m）	2	4	4	4	4
平均末口径（㎝）	208	339	304	253	223
調査本数（本）	112	34	30	20	50
平均密度（kg／㎥）	651	676	733	752	825
動的ヤング係数（kN／㎟）	8.62 ±1.22	9.37 ±0.84	9.97 ±1.26	8.99 ±0.98	7.43 ±1.10

試験機関：高知県立森林技術センター
※引用文献（試験当時）
コウヨウザンの特性と増殖の手引き／生方正俊・山田浩雄・磯田圭哉・近藤禎二・大塚次郎・涌嶋智・渡辺靖崇／森林総合研究所林木育種センター：p5-8（2018）

表4　含水率

測定項目	コウヨウザン（人工林）	ヒノキ（人工林）
含水率（到着）	46.90%	51.00%
含水率（気乾）	9.90%	10.50%
高位発熱量	19.0MJ／kg（21.0MJ／kg） 4,600kcal／kg（5,100kcal／kg）	19.5MJ／kg（21.5MJ／kg） 4,600kcal／kg（5,100kcal／kg）
低位発熱量	17.5MJ／kg（20.0MJ／kg） 4,200kcal／kg（4,700kcal／kg）	17.5MJ／kg（20.0MJ／kg） 4,200kcal／kg（4,800kcal／kg）

試験機関：高知県立森林技術センター

表５　集成材としての評価

評価項目	コウヨウザン（人工林）	スギ（人工林）	ヒノキ（人工林）
材質	・スギよりは硬い	・柔らかい	・硬い
欠点	・休眠芽が見られる ・年輪部に茶褐色が見られ、研磨に手間がかかる	・板目は長期間使用するとササくれることがある	・乾燥具合により、ヤニ、変色の恐れがある
加工	・板材の乾燥はスギのスケジュールと同じ	・赤身・白身により含水率が異なり手間がかかる	・加工は容易
集成材の評価	・傷がつきやすい ・フィンガージョイント、接着には問題なし ・節が多く手間がかかる	・傷がつきやすい ・フィンガージョイント、接着には問題なし ・節が多く手間がかかる	・強度がある
原木からの歩留まり	・50％程度	・50％程度	・50％程度

※平成 30 年度四万十町森林組合集成材工場からの聞取り結果

写真４　原木のヤング率計測

写真５　集成材から作成した製品

写真６　新植地

四国森林管理局管内における コウヨウザン造林の実績

辛川山の萌芽更新林分の成長は目を見張るものがありますが、初代林がなければ萌芽更新はありえません。そこで当局では、萌芽更新林分の育成と並行し、２０１８（平成30）年度から初代林の植栽を開始しました（写真６）。２０２０（令和２）年度、２０２１（令和３）年度には高知県内の種苗生産者の協力を得て、試験的に辛川山第２世代コウヨウザンの種子から育成した実生苗や芽かきの際に摘み採った芽から育成した挿木苗も植栽し、２０２１年度末現在で植栽地の総面積は約15ha、植栽総本数は約３万５０００本となっています。併せて同年、施業指標林を９カ所設定し、生育状況を検証しています。

それぞれの植栽箇所の地理的特徴は表６のとおりです

が、四国森林管理局管内の国有林はそのほとんどが保安林に指定されており、現状で国有保安林における植栽樹種となっていないコウヨウザンの植栽ができる箇所は限られます。そのため、コウヨウザンの適地ではない可能性のある植栽地もありますが、その分多様な条件下での調査結果が得られることを期待しています。この施業指標林は、将来、検証結果を基にコウヨウザンの施業指針を確立していくことを目的に設定しています。

明らかになってきた課題

①成長状況

○萌芽更新林分

辛川山では林木育種センターと当局がそれぞれ伐根を定めて萌芽の芽かきを行い、仕立て（＊1）毎の残存萌芽の成長の推移を調査しており、当局分では1本、2本、4本残して芽かきを行い、成長を調査しています。

調査の過程で、芽かき後に残存萌芽が風倒害を受ける、芽かき後も新たな萌芽を繰り返す、芽かきをしない無処理の株の成長が良い等、芽かきの方法、時期、要否に関する課題が浮上し

表6　コウヨウザン施業指標林現況

更新／植栽年度	更新の種類	種類	署等	面積(ha)	本数	苗生産地	平均標高(m)	土壌型	平均傾斜角度(°)	方位	年平均気温(0.1℃)	年降水量(1㎜)	年合計日照量(0.1時間)
H30	新植	施業指標林	愛媛	0.08	200	九州（実）	757.2	BC 弱乾性褐色森林土	26.3	北西	11.9	2,666.7	1,959.9
H30	新植	施業指標林	安芸	0.88	2,640	九州／辛川山（実）	637.1	BD 敵潤性褐色森林土	28.7	北	12.9	3,178.2	2,074.0
R2	新植	施業指標林	四万十	4.50	6,750	辛川山（実）	249.6	BC 弱乾性褐色森林土	22.3	南西	15.0	2,952.5	2,029.8
R2-3	新植	施業指標林	香川	0.32	960	辛川山／広島（実）	823.2	BC 弱乾性褐色森林土	25.0	南東	10.7	1,415.6	1,787.1
R2-3	新植	施業指標林	嶺北	0.34	600	辛川山（実）	595.6	BD 敵潤性褐色森林土	22.0	北	11.5	3100.0	1,585.5
R3	新植	施業指標林	愛媛	3.31	6,600	辛川山（実）	757.2	BC 弱乾性褐色森林土	26.3	北西	11.9	2,666.7	1,959.9
R3	新植	施業指標林	四万十	2.00	6,300	辛川山（実／挿）	93.3	BD 敵潤性褐色森林土	27.0	北東	15.7	2,944.6	2,048.3
R3	新植	施業指標林	安芸	3.00	6,000	辛川山（実／挿）	105.2	BD 敵潤性褐色森林土	27.2	北東	15.5	3,352.2	2,040.9
R3	新植（大苗）	施業指標林	安芸	0.53	400	広島（実）	97.8	BD 敵潤性褐色森林土	21.8	北西	15.8	3,362.7	2,048.0
合計				14.96	30,450								

※年間標高、平均傾斜角度は、国土交通省　国土数値情報ダウンロードサイト「標高・傾斜度５次メッシュデータ」から取得
（URL:https://nlftp.mlit.go.jp/ksj/gml/datalist/KsjTmplt-G04.-dhtml）
※年間平均気温、年間平均降水量、年間日照時間は、国土交通省　国土数値情報ダウンロードサイト「平年値メッシュデータ」から取得
（URL:https://nlftp.mlit.go.jp/ksj/gml/datalist/KsjTmplt-G02.html）

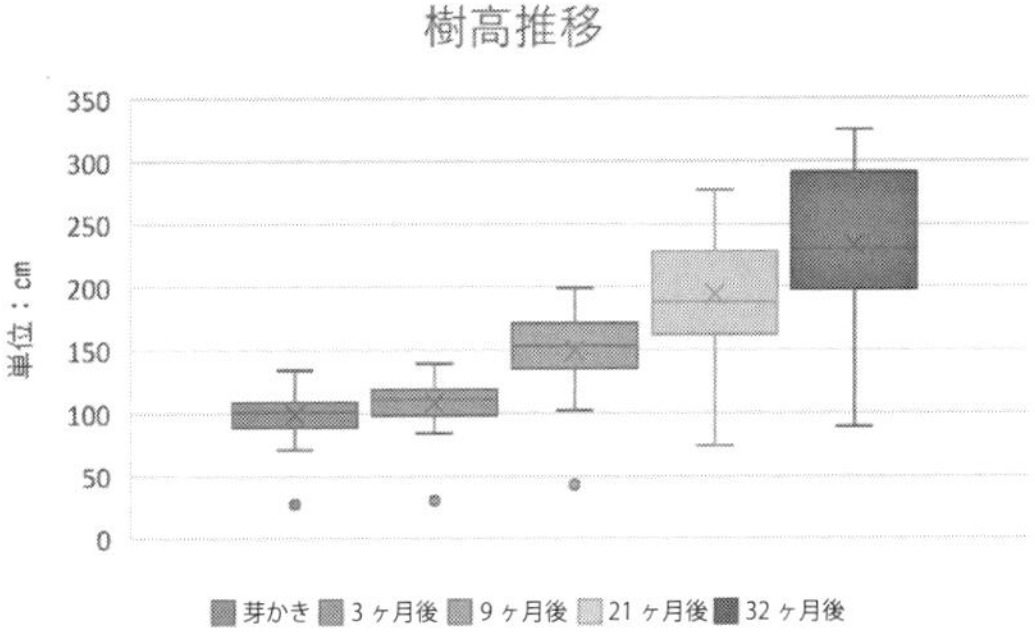

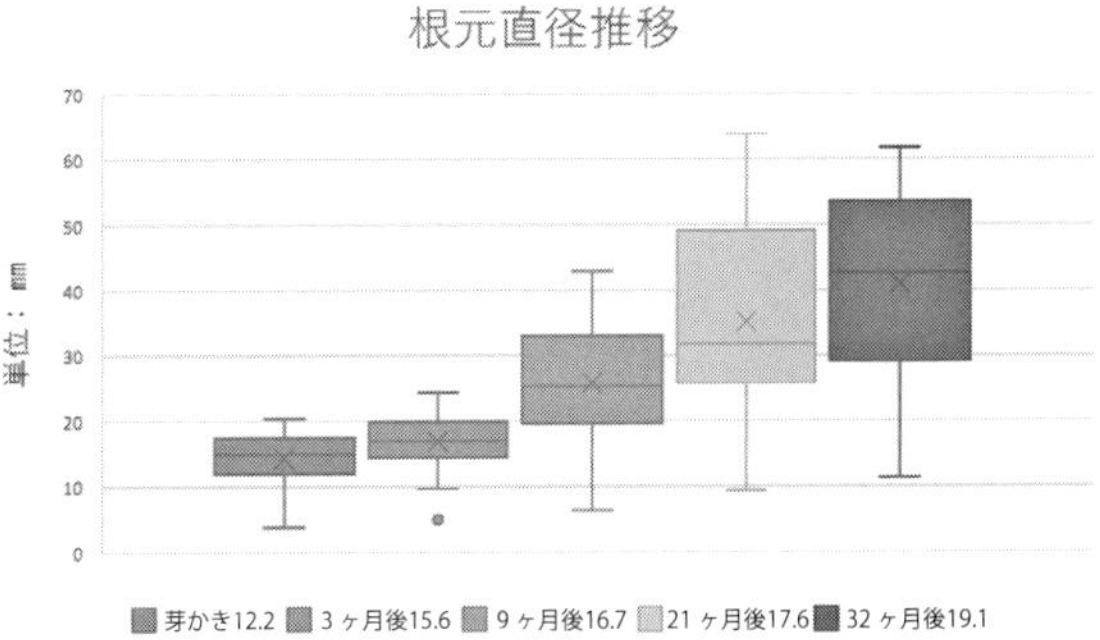

図3　萌芽成長（樹高・根元径）

※四国森林管理局調査データから作成

ました。また、萌芽は成長に関してかなり個体差があり、年を追うごとにデータの分散の幅が大きくなっています（図3）。

現在は芽かきから3年経過し、成長の良い株では根元直径が5cmを超える萌芽が複数林立しており、今後のどのように仕立てていくか検討が必要となっています。

＊1：株に生えた萌芽を

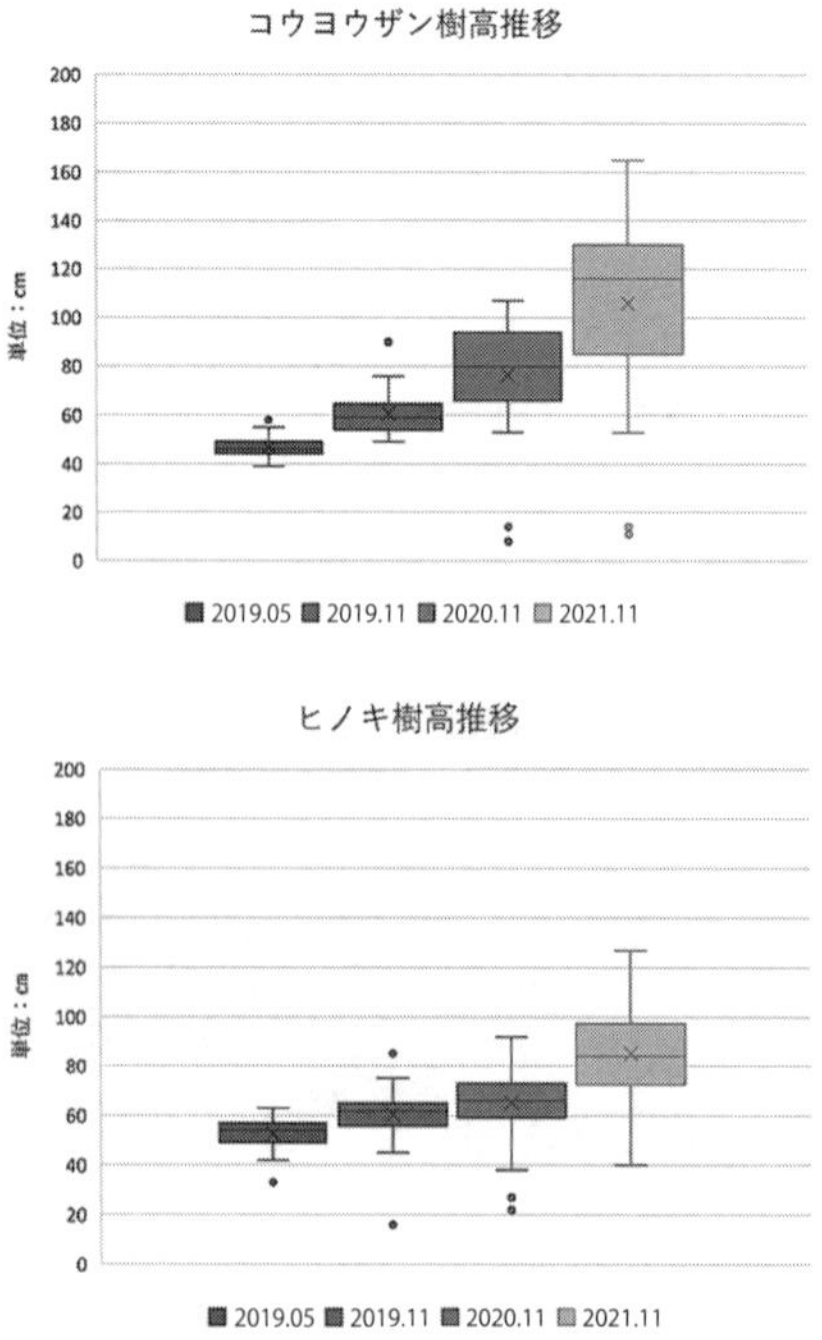

図４　新植地コウヨウザン・ヒノキ（樹高）

※四国森林管理局調査データから作成

1本、2本、4本、12本等残して芽かきを行う処理。

○新たな植栽（初代林）

２０１８（平成30）年度にヒノキの造林地に隣接して２００本のコウヨウザンを植栽し、それぞれ50本ずつ試験木を定め成長比較を行っています。植栽から3カ月後の平均樹高はヒノキ52・7㎝、コウヨウザン46・7㎝

でしたが、２０２１（令和３）年11月の平均樹高は、ヒノキ85・１㎝、コウヨウザン１０５・９㎝とコウヨウザンの成長が早くなっています（図４、５）。

また、誤伐、食害を受けたコウヨウザンの植栽木には、萌芽により成長が継続する個体もあり、被害後も適切に獣害対策を行えば補植等が必要ない可能性もあります。

しかし、本植栽地では植栽後２年目頃から株立ち（＊２）が発生し始め、２年９カ月経過した２０２１（令和３）年11月時点で、枯損木と食害等後に萌芽

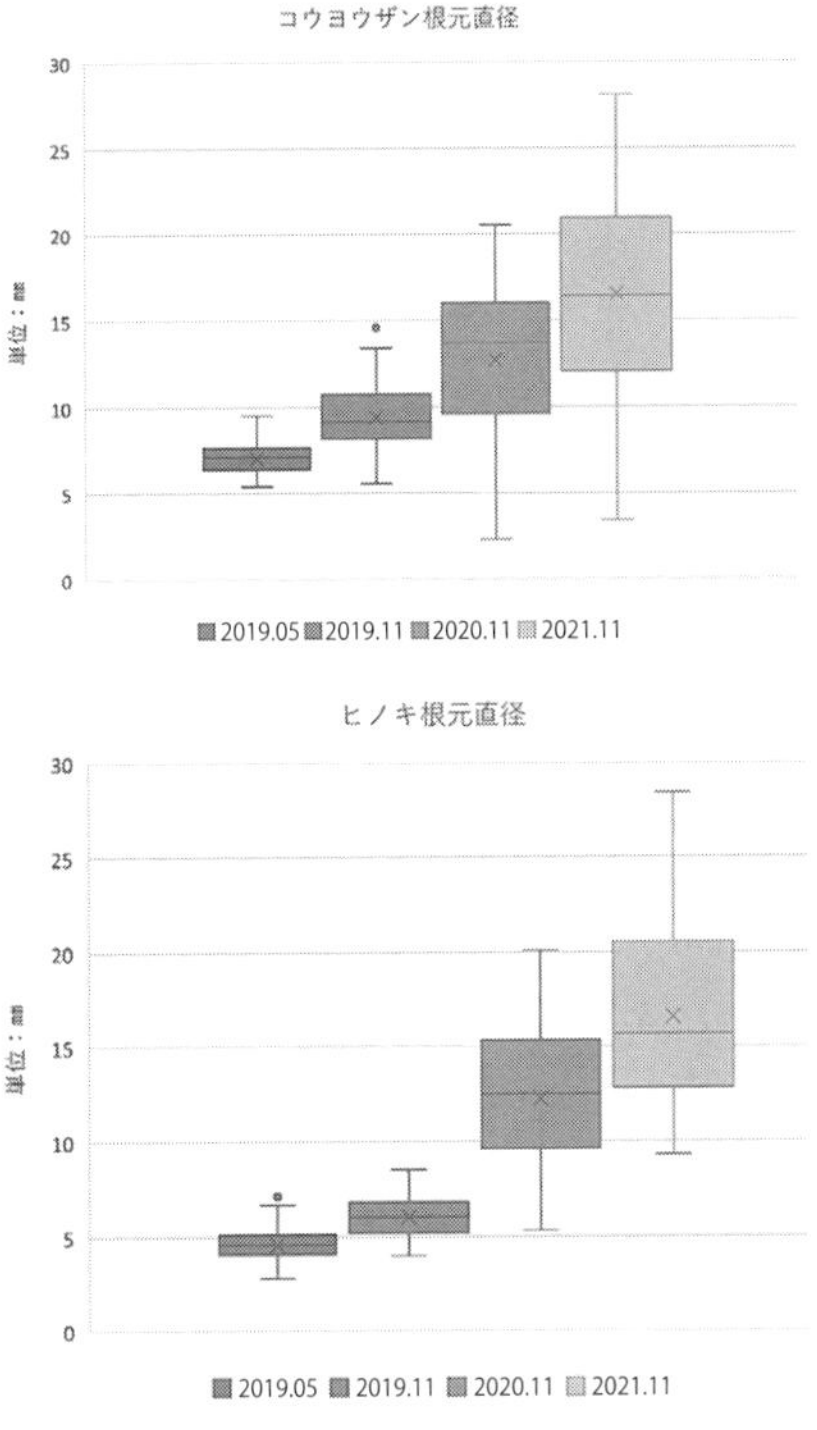

図５　新植地コウヨウザン・ヒノキ（根元径）

※四国森林管理局調査データから作成

した個体を除き、8割以上の苗が株立ちする結果となっています（写真7）。

このため、樹幹と樹冠の成長に偏りが出ており、ヒノキと比較しても成長が鈍化していることから、想定する1本の立木として育成するためには、萌芽更新林分と同様に芽かきに関する課題があると考えられます（表7）。

＊2：1本の苗木の根元から複数の茎が発生している状態。

本植栽地は、標高800mと比較的高標高であること、風当たりが強いことなどを考慮し、今後は、この株立ちが新植苗に共通して発生するものか、風当たりや土壌の質等立地環境に起因するものか、立地環境に起因する場合はどのような要因が影響を及ぼすか等、その他の植栽地の苗木の生育状況と比較検証していく必要があると感じています。

②獣害、雪害など

獣害については、ノウサギ被害が顕著です。忌避剤を散布した場合はかなり被害を抑えることができましたが、同一区域内でも散布していない箇所は植栽後数日で食害を受けました。獣害防止ネット作設前に区域内に潜んでいる場合も多いですが、捕獲は容易ではなく、対処に苦

2019（令和元）年５月

2020（令和２）年 11 月

2021（令和３）年８月

2021（令和３）年 11 月

写真７　株立ちの様子の比較

表７　コウヨウザン等成長量調査比較表

調査月日	コウヨウザン				ヒノキ				備　考
	調査木 本	平均樹高 cm	平均直径 mm	平均樹冠幅 cm	調査木 本	平均樹高 cm	平均直径 mm	平均樹冠幅 cm	
元.5.21	50	46.7	7.0	31.4	50	52.7	4.6	18.3	平成 31 年 2月植栽
元.11.19	44	61.8 (132%)	9.6 (137%)	51.4 (164%)	48	61.4 (117%)	6.1 (133%)	31.2 (170%)	
R2.11.12	47	76.4 (124%)	12.7 (132%)	78.0 (152%)	47	65.3 (106%)	12.2 (200%)	53.0 (170%)	
R3.11.18	47	105.9 (139%)	16.54 (130%)	66.7 (86%)	45	85.1 (130%)	16.6 (136%)	71.5 (135%)	

※調査木の減は枯れ、コウヨウザンの増は萌芽による
※（　%）は、前年度からの成長増減率（令和元年度 11 月は初回調査からの変化）
※R3.11.18 に樹冠幅が減少しているのは、植栽木が株立ちし、主と思われる株の成長に偏りが起こったためと思われる。計測した個体は、株立ちした茎のうち、主と思われる成長の最も良い個体

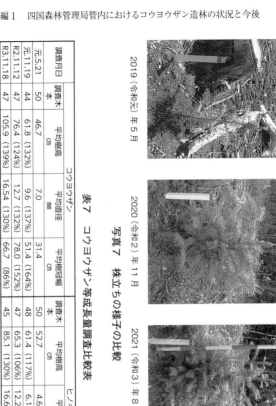

慮しているのが現状です。

風害については、コウヨウザンは枝の張りが大きく、比較的風を受けやすい形状をしていることから、植栽木の中には風折れした個体もありました。また、萌芽は成長が早く細長い形状で密集していることから、芽かき後は風折れしやすい傾向があります。この点を考慮すると、風害を防ぐため、コウヨウザンがある程度成長するまで下刈りを省略するという選択肢も考えられます。

雪に埋もれ奥へ傾いたコウヨウザン
（積雪50cm程度、上・下２点の写真）

雪が融け形状が戻ったコウヨウザン
（招かざる客、ノウサギも参上）

写真８　ノウサギによる食害の状況

本箇所は忌避剤散布の効果がありノウサギの食害はなし

雪害については、管内での積雪は少ないが、獣害対策用に設置したカメラ映像からは、雪を被って傾いたコウヨウザンが、雪融けとともに元の形状に戻る様子が写っており、豪雪でなければ影響は少ないと推測されます（写真８）。

写真９　根元直径６㎝超に成長した萌芽枝樹高355㎝

写真の位置は地面から110㎝、直径約４㎝

課題に向けた対策、取組、今後の方向

①萌芽枝の整理

第３世代林である辛川山萌芽更新試験地内の成長の良い株では、既に根元直径５、６㎝となった萌芽枝が密集して成長しています（写真９）。この状態が継続すると、保育作業を行わなかった第２世代林で見られたよう

に、それぞれの萌芽枝が外に向かって斜めに伸び、良質な材が得られない可能性があります。また、大きくなるほど、残存萌芽の整理にコストと労力がかかると想定されることから、数年以内に一部の株で萌芽枝の剪定を行い、コスト、所要時間等の検証と、剪定後の形状変化について経過観察することを予定しています。

直材、バイオマス・チップ用材等、生産目的に応じて萌芽枝の整理時期や内容は異なることが想定されるため、関係機関の意見を取り入れつつ進めていきたいと考えています。

②新たな植栽（初代林）における調査、検証

管内の新たな植栽地（初代林）には、試験的に1年生苗の植栽や植栽木の単木保護を行った箇所があります。辛川山萌芽更新試験地の初代として１９３２（昭和７）年度に1年生苗が植栽されており、1年生苗であっても成林することは証明されていますが、通常の2年生苗と1年生苗の成長比較、単木保護の効果と成長に与える影響についても継続して観察することとしています。また、一部植栽地で見られた植栽木の株立ちについては、各新植地でも傾向を観察していく予定です。

③獣害等への対策

当局では、獣害防止ネット、捕獲用のワナ、単木保護、忌避剤散布等様々な獣害対策を行ってきました。しかしノウサギ害については、なかなか有効な手立てがなく、現状ではシカ防護ネットの下段に金属の入った５㎝目合いのネットを重ねたり、上下で目合いの異なるネットを用いたりすることでノウサギの噛み切りや侵入を防止し、小まめに点検、補修を行うことを基本として対策を行っています。また、ノウサギ捕獲用の囲いワナやくくりワナを開発し、捕獲に力を入れるとともに普及にも努めているところです（図６）。

獣害対策の観点からディアラインの高さを超えたコウヨウザンの大苗（３年生）を植栽し、費用対効果の検証等を進めている署もあり、今後の検証結果に期待するところです。

その他の取組としては、ノウサギの食害が甚大な植栽地において敢えて下刈りを省略し、食害防止効果と成長阻害による弊害を観察し、下刈りの優先度を検証しています。

④今後の取組等

成長状況については、初代林よりも2世代目以降の萌芽更新林分が優れることから目指すところは萌芽更新施業の確立ですが、まだ施業指針を確立するまでの十分な知見は得られていな

生分解性保護フィルム

カプサイシン付ネット

シカ用囲いワナ
（こじゃんと1号）

ノウサギ用箱ワナ

食害を受けたコウヨウザン

単木保護

獣害防止ネット
（目合：シカ 10㎝、
ノウサギ 5㎝〈下段〉）

ノウサギ用くくりワナ

忌避剤

図6　獣害対策

シカ及び野兎の食害防止のため、侵入防護ネットや単木保護用ネット等の設置及び囲いワナによる捕獲を実施

写真 10　辛川山コウヨウザン試験地から太平洋を臨む

いことから、辛川山萌芽更新試験地や新たな初代林となる既存の植栽地及び今後の新植地を含めて植栽木の調査を継続し、以下の項目について検証していきたいと考えています。

■保育作業について：下刈り、芽かき、除伐、間伐

■ヘクタール当たりの植栽適正本数（１０００～３０００本）及び伐期適正本数

■植栽適地

■萌芽更新のサイクル

四国森林管理局では、今後も関係する県や研究機関等と連携し、造林コストの削減、多様な森林づくりの選択肢としてコウヨウザンの可能性を検証していきたいと考えています。

高知県における
コウヨウザンの導入や普及拡大に向けた取組について

高知県林業振興・環境部木材増産推進課課長補佐
遠山　純人

はじめに

国産材の利用が進み、木材自給率が上昇傾向で推移する中、森林資源の持続的な利用を確保していく観点から、伐採後の再造林が重要となっています。一方、造林においては初期作業である植栽と下刈りに多額の経費を要し、この費用を回収できる主伐までの期間が非常に長いことが、森林所有者の関心や投資意欲を低下させています。

そのような中、20~30年という比較的短い期間で木材としての利用が見込まれる早生樹のコウヨウザンが造林樹種の新たな選択肢として注目を集めており、高知県においても技術指針（暫定版）の作成をはじめ、補助事業による植栽への支援など、普及拡大に向けた取組を開始しましたのでご紹介します。

導入と普及拡大に向けた取組

(1) 試験研究

高知県立森林技術センターにおいて、四国森林管理局と連携しコウヨウザンの間伐木を利用した材質の調査や燃焼試験による発熱量の測定、生育状況等の調査を行っています。

２０１８（平成30）年度に行った強度試験では８・62kN／㎟が得られ、スギ（７kN／㎟）とヒノキ（11kN／㎟）のほぼ中間の強度があることが確認できました。ただし、産地や系統、伐採樹齢、木取りなどの違いが材の強度やヤング係数に影響している可能性があると推察され、今後のデータの蓄積が必要です。また、燃焼試験（低位発熱量）の結果は４２００㎉／kgで、ヒノキ（４２００㎉／kg）と同等の発熱量が確認できました。

２０１９（令和元）年度からは、コンテナ苗の栽培技術や、標高など異なる立地条件におけ

写真1　先進的造林技術推進事業によるコウヨウザンの植栽（大豊町）

る成長特性についての試験研究を進めています。

(2) 実証事業

２０２０（令和２）年度には、林野庁の先進的造林技術推進事業を活用し、コウヨウザンの植栽及び食害保護資材（チューブ）を用いた低密度植栽による実証的造林（０・52ha、実施主体：大豊町、写真1）が実施されました。

今後の取組として、従来の樹種との成長量等の比較をはじめ、継続的なデータ収集を行うほか、県内で普及展開していくための現地検討会などが計画されています。

(3) 造林補助事業の対応

コウヨウザンは外国樹種のため、造林事業の補助を受けるためには林野庁の承認が必要です。再造林の低コスト化や早期の収穫が期待できるコウヨウザンを造林樹種として２０２０（令和２）年８月に林野庁の承認を受け、２０２１（令和３）年度には造林事業の標準単価を設定しました。

(4) 技術指針（暫定版）の作成

国内におけるコウヨウザンの研究は緒に就いたばかりであり、造林や保育など施業に関する技術的知見が十分得られていないのが現状です。そのため、県内をはじめ全国で行われている研究成果を待たなければならないことが多くありますが、新たな造林樹種として森林所有者の期待も大きい状況にあります。

こうした背景も踏まえ、コウヨウザンの植栽を検討している森林所有者の方に認識していただくことを目的に、現時点で得られている植栽適地や獣害対策の必要性、保育や施業体系、周辺への影響など留意事項をとりまとめたパンフレットを２０２１（令和３）年３月に作成し、普及に努めることとしました（写真２）。

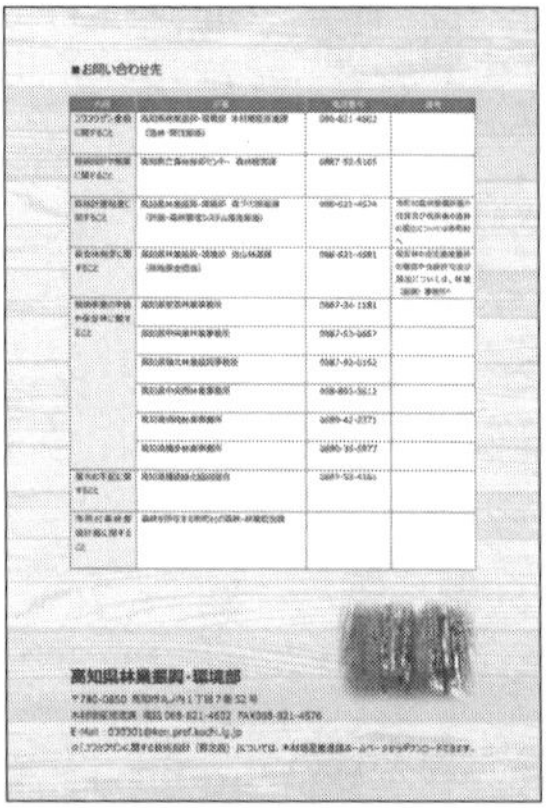

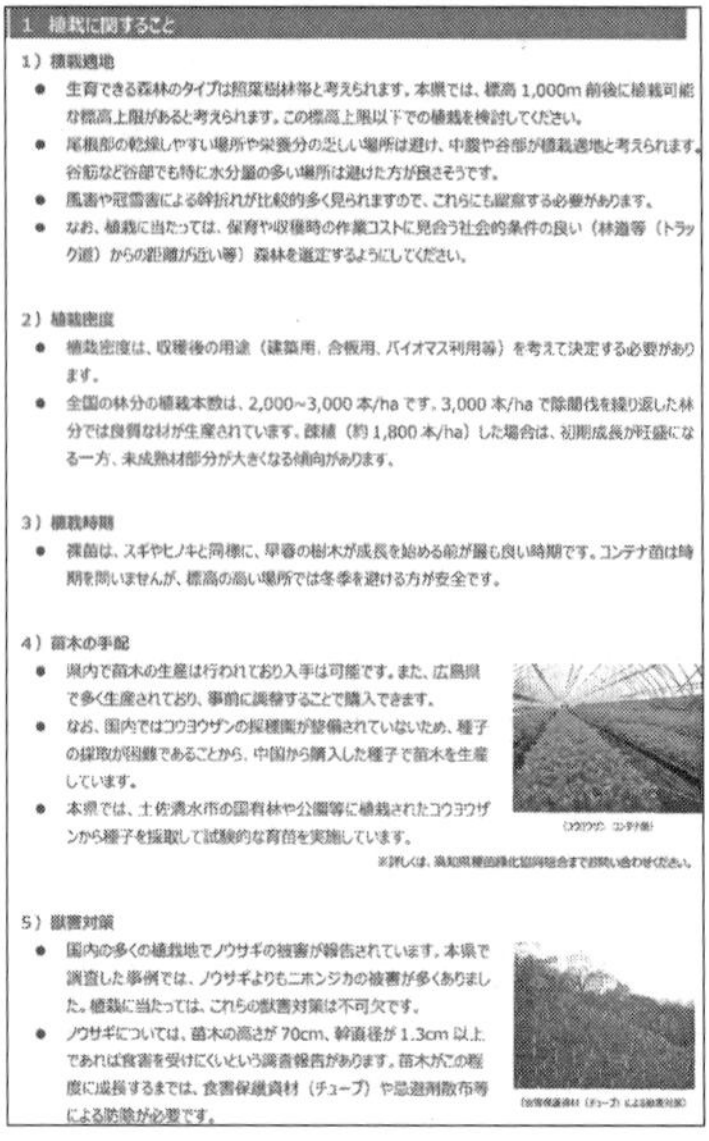

1　植栽に関すること

1）植栽適地

- 生育できる森林のタイプは照葉樹林帯と考えられます。本県では、標高 1,000m 前後に植栽可能な標高上限があると考えられます。この標高上限以下での植栽を検討してください。
- 尾根部の乾燥しやすい場所や栄養分の乏しい場所は避け、中腹や谷部が植栽適地と考えられます。谷筋など谷部でも特に水分量の多い場所は避けた方が良さそうです。
- 風害や冠雪害による幹折れが比較的多く見られますので、これらにも留意する必要があります。
- なお、植栽に当たっては、保育や収穫時の作業コストに見合う社会的条件の良い（林道等（トラック道）からの距離が近い等）森林を選定するようにしてください。

2）植栽密度

- 植栽密度は、収穫後の用途（建築用、合板用、バイオマス利用等）を考えて決定する必要があります。
- 全国の林分の植栽本数は、2,000~3,000 本/ha です。3,000 本/ha で除間伐を繰り返した林分では良質な材が生産されています。疎植（約 1,800 本/ha）した場合は、初期成長が旺盛になる一方、未成熟材部分が大きくなる傾向があります。

3）植栽時期

- 裸苗は、スギやヒノキと同様に、早春の樹木が成長を始める前が最も良い時期です。コンテナ苗は時期を問いませんが、標高の高い場所では冬季を避ける方が安全です。

4）苗木の手配

- 県内で苗木の生産は行われており入手は可能です。また、広島県で多く生産されており、事前に調整することで購入できます。
- なお、国内ではコウヨウザンの採種園が整備されていないため、種子の採取が困難であることから、中国から購入した種子で苗木を生産しています。
- 本県では、土佐清水市の国有林や公園等に植栽されたコウヨウザンから種子を採取して試験的な育苗を実施しています。

※詳しくは、高知県種苗緑化協同組合までお問い合わせください。

5）獣害対策

- 国内の多くの植栽地でノウサギの被害が報告されています。本県で調査した事例では、ノウサギよりもニホンジカの被害が多くありました。植栽に当たっては、これらの獣害対策は不可欠です。
- ノウサギについては、苗木の高さが 70cm、幹直径が 1.3cm 以上であれば食害を受けにくいという調査報告があります。苗木がこの程度に成長するまでは、食害保護資材（チューブ）や忌避剤散布等による防除が必要です。

写真２　技術指針（暫定版）の概要パンフレット（一部抜粋）

写真３　コウヨウザンの試験地（香美市・県立森林技術センター）

写真４　帰全山公園のコウヨウザン（本山町）

なお、この技術指針は暫定版とし、今後の研究や事例の評価などにより更新を行うことを前提としています。

今後について

補助制度の創設やこれまでの普及拡大の取組などにより、県内各地では関心の高い森林所有者や森林組合、林業事業体の方々によってコウヨウザンの植栽が計画されています。

一方でコウヨウザンは全国的にも植栽実績が少なく、施業に関する技術的知見が十分に得られていません。県内において植栽の普及を図りながら、併せて、成長状況やシカ、ノウサギによる食害対策などについての調査を確実に継続していく必要があります。

このため、県内で調査を実施する高知県立森林技術センターはもとより、先進的に取組を進めている国及び他県などの調査について、引き続き注視しつつ、コウヨウザン苗木の需給動向も見極めながら、県内における採種園の造成や苗木生産の拡大についても検討を進めて行くこととしています。

鹿児島県
バイオマス発電用燃料チップ生産とコウヨウザン造林戦略

三好産業株式会社　山林部
濱田　秀一郎

ＦＩＴ制度でバイオマス発電用燃料チップ生産へ

弊社は、１９６２（昭和37）年に製紙用チップ製造を主事業として創業し、その後２カ所の製材工場の増設を経て、現在では鹿児島県内の３カ所のチップ製造工場において、製紙用・バイオマス発電用チップの製造と山林からの丸太素材生産を行っている。直近のチップ生産量は３万２０００ｔ／年（製紙用１万３０００ｔ／年、バイオマス発電用１万９０００ｔ／年）であり、丸太素材生産量は９４００㎥／年である。

主要事業のチップ製造業では、２０１２（平成24）年に制度化された固定価格買取制度（ＦＩＴ）の運用により、バイオマス発電用燃料チップの生産量が総生産量の約６割を占めている現状にある。これは裏を返せば製紙用チップ製造からバイオマス発電用燃料チップに軸足をおいた経営形態になっており、今後のＦＩＴ制度の動向に会社経営が影響を受けやすい状況にあると言える。このことは弊社のみならずチップ業界全体へも同様に影響が大きいと思われる。

こうした中、再生可能エネルギーの導入は着実に拡大してきており、以前からわが国において開発が進んできた水力を除く再生可能エネルギーの全体の発電量に占める割合は、ＦＩＴ制度の創設以降、２・６％（２０１１）から９・２％（２０１８）に増加している。また、水力を含めると23・１％（２０２０）に達しており、政府が掲げる２０３０（令和12）年目標の22・０〜24・０％を達成したことになる。その内、バイオマス発電は全体の２・５％（２０２０）を占めており、これを２０３０年までに３・７〜４・６％まで引き上げる目標を設定している。２０２４年には制度が創設されて10年目になるが、国際機関の分析によれば、わが国のバイオマス発電量は世界第７位（２０１７）となっている。また、具体的な国内の木材利用による電力発電事業については、ＦＩＴ制度開始後に新たに運転を開始した設備は４１１件（２０１９）

であり、現在も増加傾向にある。

一方、ＦＩＴ制度が運用されたことにより実際の林業の現場においても変化が見られる。森林の手入れや伐採をしても形質不良や不採算性を理由にこれまで使われずに林内に放置されていた残材が資源（Ｃ、Ｄ材）として搬出して利用され、生業としての林業を復活させる牽引力になり、林業の経営環境が好転してきていることを林業に関わっている者として身をもって感じている。利用期を迎えている人工林の残材の需要拡大を通して林業の再生にプラスの影響を与えていると言える。

しかしながら、ＦＩＴ制度は時限的な特別措置として創設されたものであり、見直しされていくことを前提にすれば、ＦＩＴ制度の見直し、または終了後における木質バイオマス発電の健全な運用と活用を視野に入れて各事業者は進めていくことが肝要である。そうした場合、今後、課題になると思われる点は、①コスト低減の道筋の明確化、②燃料の安定調達や持続可能性の確保の２つが挙げられる。特にコスト低減策については、現行制度の事業者ごとの工夫・努力が必要になり、燃料資源の安定調達や事業の持続可能性については、そのための仕組みや制度が必要である。

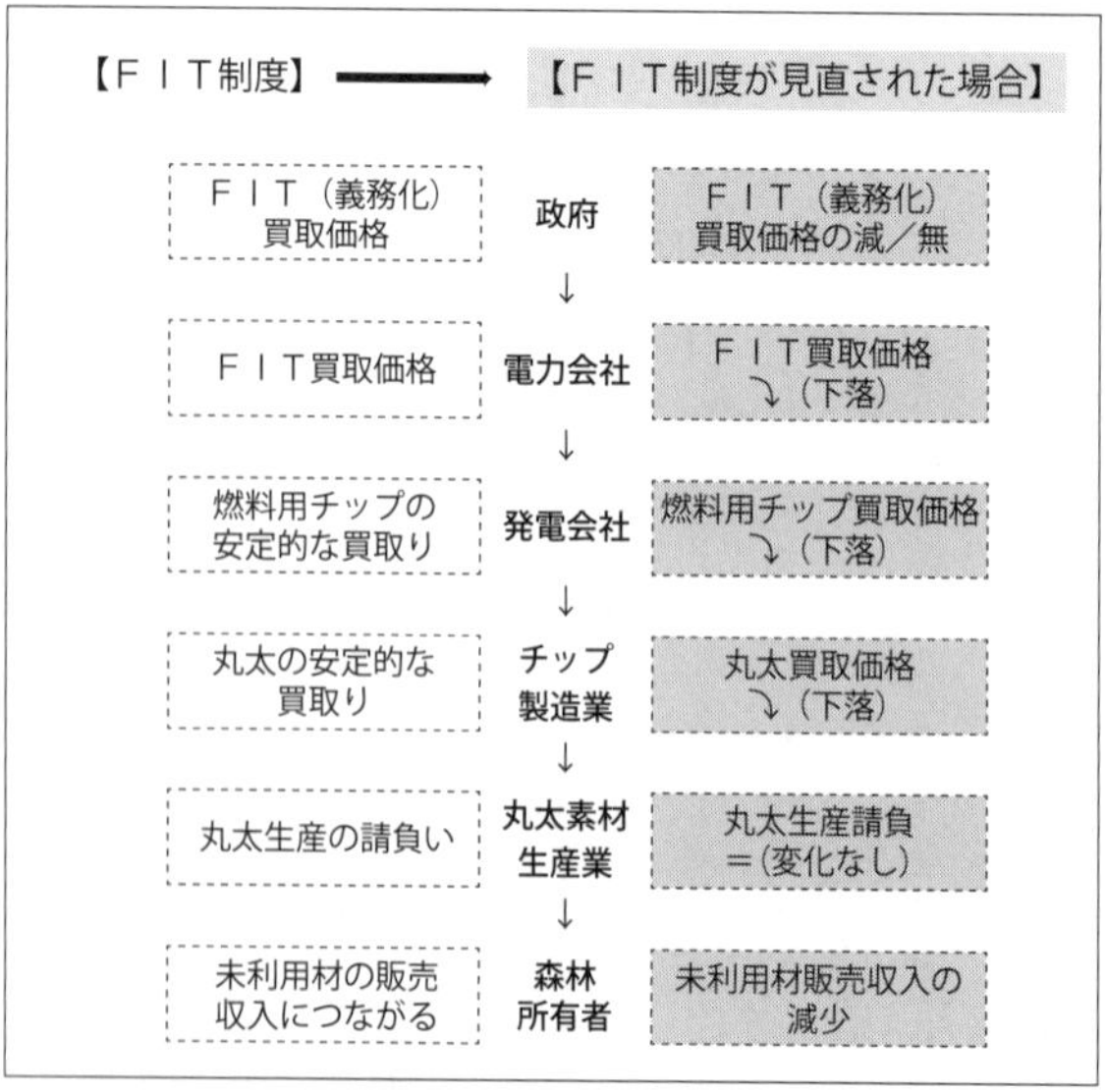

図１　FIT 制度の見直し・終了後の懸念

ＦＩＴ制度見直し対策
―安価な丸太素材確保

はじめに、①についてはＦＩＴ制度の創設により、図1の左側のように山林の未利用残材を有効活用して立木が電力に変わって行く流れが円滑に行われてきており、制度は順調に機能してきている。しかし、バイオマス発電に係るＦＩＴ制度が仮に見直された場合、図1の右側の流れのように、政府が（義務化）買取額を減／無にすることによりフローの各段階で負の連鎖が起こり、最終的には森林所有者の販売収入が減少し、最悪の場合には林業そのものが生業として成り立たなくなり森林所有者が伐採・造林を止めてしまうことが懸念される。

こうしたシナリオを回避するためにはフローの関係者の自助努力が必要である。

弊社はこのフローではチップ製造業に位置づけられるため、今後、発電会社のチップ買取価格が下がった場合、弊社の燃料用チップ製造コストも下げなければならず、コストの多くを占める丸太素材をこれまでより安価で買い入れなければならない。その対策として、自社で立木を所有することにより丸太購入価格を限りなく安価に抑えられるとして、自社造林に取り組むこととした。

FIT制度見直し対策―早生樹種による安定調達

２つ目の②燃料の安定調達や持続可能性の確保については、国内森林資源の有効活用と計画的利用が重要となる。人工林の植栽面積の林齢構成は、Ⅸ、Ｘ齢級をピークに歪な構成になっており、これを法正林に仕立てていくには再造林の一定面積を短伐期にして再造林のピークを平準化して理想形に近づけることが将来的にも重要である。

これらにも配慮して、自社造林にあたっては、短期間に利用可能で伐期を迎えられる早生樹種による森林造成を行うこととした。

さらに、昨今の丸太価格の高騰により、バイオマス発電用の燃料としての木材の入荷が極めて難しい状況になってきている。こうした状況は、今後も中国をはじめ海外の木材需給のトレンドに日本の森林・林業・木材産業が敏感に影響を受けることを意味し、ひいては安定した木質バイオマス発電用資源の供給やチップの製造が難しくなってきていると言える。こうしたことに対しても自社で早生樹造林に取り組み、早期に木質バイオマス発電燃料用資源を確保することの意義は大きいと考える。

コウヨウザン造林に期待するメリット

早生樹造林するにあたっては、コウヨウザンの特徴は成長が早いこと、萌芽力が旺盛なこと、油成分が多いことが挙げられる。これらの特徴をメリットとして端的に捉えると、低コストで森林を造成して早期に木材資源を確保できることである。
①成長が早いため早期に収穫ができること
↓造林投資を自らが早期に回収可能。

↓素材を早期に確保できる。

②萌芽更新ができること

↓2世代、3世代目の造林コスト（苗木代、植付費）の低減が可能。

コウヨウザン導入に至るまでの取組概要（調査・検討・研究・普及）

コウヨウザンの関連情報は、２０１０（平成22）年に九州森林管理局から情報提供があり、その後コウヨウザンの苗木の調達等を広島県庁から協力をいただきながら九州森林管理局との分収造林契約地において２０１５（平成27）年から植林を実施した。

また、２０１７（平成29）年度からコウヨウザンが鹿児島県造林補助金対象樹種の適用になり造林面積も順調に増加してきている。

一方、コウヨウザンに関する研究、実証等が進められる中、コウヨウザン造林の推進と普及を図るため、鹿児島県、鹿児島大学、民間企業等関係者が様々な知見や見識を持ち寄り共有し、意見交換等を行う場として、２０１６（平成28）年から「鹿児島県コウヨウザン研究会」を発足させ活動を行っている。このような関係者の取組により、コウヨウザンの苗木生産や造林

写真１　コウヨウザン造林地全景（枠内）

に取り組んでいる企業等が増加している状況にある。

これまでのコウヨウザン造林の実績、成果

(1) 造林面積の推移

弊社の造林実績は、２０１５（平成27）年から２０２１（令和３）年までに約74 haのコウヨウザン造林を実施し、２０２２年度も約10 haの造林を予定している（写真１）。

(2) 苗木生産等

苗木の入手方法は、事業開始直後は広島県の㈱キヨカワ種苗から種子を購入し、鹿児島県内の苗木生産者に生産を依頼し全苗買取方式で苗木を購入してきた。現在では種子の調達方法は変わらないが、苗木は鹿

写真２　コンテナ苗
（45cmキャビティ300cc）

児島県山林種苗協同組合を通して購入する方式となっている。苗木価格は、コンテナ苗（M／S、キャビティ）が190円／本で、普通苗は75～125円／本で購入している（写真２）。

課題1
―苗木の確保（種子や苗木の入手）

苗木調達については、これまで苗の生育不良により予定数量を確保（苗長45cm～）できなかったこともあったが、最近では概ね予定数量を確保できる調達環境にある。ただし、未だ需要が限定的であるため見合った量の生産状況にあり、生産数量に余裕があるとは言い難いが、苗木の需要が増加すれば生産量も増加していく苗木生産環境（技術、生産者数）にあると考えられる。

また、種子による苗木の成長には個体差が顕著に見られるため、造林地の保育作業等において手入れの要否がまばらになり効率性が損なわれる可能性がある。これらを克服するためには優良個体の挿し木技術の開発と普及が必要で、コウヨウザン造林の推進にはそうした成果が必要不可欠である。これまでも産官学共同でそうした取組が実施されてきており、その成果に期待しているところである。

さらに主伐後の苗木の調達については、コウヨウザンの特徴の1つである萌芽力を活用した萌芽更新を行うこととなり、再造林に際して新たな苗木を調達する必要はない。再造林作業は芽かき作業で更新が可能なためコスト・労力ともに低減が見込まれる。

課題2―植栽成長状況（地形や土壌、標高など）

植栽木の成長については、2016~2021年に植栽した造林地の生育状況から地形的には尾根部よりも中腹、裾野部の成長が良好な傾向が見られる。また、植栽直後の乾燥には敏感で水分に対する要求度は高いため、コウヨウザンは一般的に言われるヒノキ適地よりもスギ適地を好むと考えられる。ただし、くぼ地など水分が滞留する湿地帯や極端な湿潤土壌では生育不良が散見されるなど嫌気性を示している。土壌に関しては、造林地は褐色森林土壌（赤褐色）で一部黒ボク土壌に植栽しており、後者の植栽地での成長が良好である（写真4）。

写真３　コウヨウザン７年生(6.5m)

写真４　コウヨウザン造林地（２年生）

標高は100~480mに植栽しており、冬季にはマイナス5℃になる造林地もあるが、葉の色が赤くなるものの、春先には緑色を呈して成長し、損傷は見受けられない。

こうした経験から植栽時期は、遅い秋植え若しくは梅雨植えで実行している。特に晴れ間が続き乾燥・高温になりやすい3月中旬~5月上旬の遅い春植えは実施しないこととしている。地域によって天候は異なるが近年その年々によっても天候が異なるので植栽時期については慎重に見極めることが重要である。

課題3―保育作業の必要性（下刈り回数、除伐など）

植栽後の保育作業については、下刈り回数を減らしてコストの低減を図るため、初回下刈り時期を成長期1年目~4年目でそれぞれに実施した結果、早生樹ではあるが成長期1年目から下刈りを実施して周囲植生との競合を人為的に軽減させることにより第2・第3年目の成長期におけるコウヨウザンの成長が旺盛になり、周辺の雑草・雑灌木との成育競合を早期に終える傾向が見られた。このため、植栽後の下刈り時期と回数については、成長期1年目と2年目に実施し、3年目の下刈りについては、植栽木の成長と周辺植生の繁茂状況に応じて実施の適否を判断することとしている。

除伐作業については、下刈りを2～3回で終えるため、つる切りと同時に植栽後5～8年目に実施する計画である。今後、特に植栽密度が１５００本／haの造林地については林間閉鎖に時間を要する場合には現況に応じた作業種を適期に実施していくこととなる。

保育間伐は、例えば植栽密度１７００本／ha、20年伐期では無間伐で主伐を計画する等植栽密度と伐期により計画は異なる。

課題4―獣害、雪害など

コウヨウザン造林で適地選定、植栽時期、苗木形状に加えて最も重要な課題の１つが獣害対策である。植栽予定地周辺にシカ、ノウサギが生息している場合、植栽木に対する被害防止対策を講じなければ被害は極めて甚大になる。特にノウサギの食害は、１９６０年代頃にヒノキの造林地で被害を受けたように植栽木の幹・側枝切断被害であり（皮剥被害は確認できないが）、萌芽力が旺盛なコウヨウザンでもその後の成長が著しく阻害され成育形状に深刻な悪影響を受けることとなる。このため、コウヨウザン造林ではシカ・ノウサギが生息する地域では被害防止対策は必須である（写真５）。

以上のように、苗木調達、植栽樹種境の区域設定や地域の天候も勘案した植栽時期や獣害対策を含めた事業計画の策定が望ましい。

写真５　ノウサギによる被害
（地上60㎝）

苗木確保に向けた対策

苗木の確保は、需要数量が少量であることから発注して直ちに入手できる状況にあるとは言えない。２年生苗ということもあり関係者との事前の調整を要するため、植栽に関心がある事業者や森林所有者は試し植林の場合も含めて早めに関係者に相談することをお勧めしたい。

販売単価がスギよりも高値ではあるが、短伐期による早期収穫、投資の早期回収が見込めることや下刈り回数減等による造林・更新コスト低減のメリットを考慮すれば単純に高値とは言い放てない。

苗木が実生によるもので個体差が顕著であることに対しては、実生育苗段階での生育の優劣による仕分けに拠るところが大きく重要となっている。一方、コウヨウザン挿し木苗の育苗技術については、開発・確立・普及の早期実現が望まれるところである。

獣害等への対策

現在、スギ、ヒノキ人工造林での獣害対策は主にシカ被害防止対策であり、シカ捕獲による頭数管理とシカ被害防止ネットの設置、ツリーシェルター・くわんたい等の単木保護柵の設置、忌避剤塗布による造林地への獣害等の侵入防止対策の２本立てで対処している。一方、ノウサギ被害防止対策については、長年被害が問題視されていなかったことなどから技術が発展・進歩してきたとは言い難く、防除対策は針金つり罠や農業用ネット設置等に留まっていた。しかしながら近年、ノウサギの被害が増加したこともあり、被害に対する調査や忌避剤などの防除技術開発事業が実施されてきている。

こうした中、弊社では現時点での獣害対策の基本は物理的にシカやノウサギの侵入を防ぐこ

写真６
５㎝目合いの獣害防止ネット

ととし、シカ被害防止ネットを設置する際、ネットの目合いを狭めた資材（５㎝×５㎝）を使用することによりノウサギの侵入をも防止するよう対策を講じている。また、ノウサギが造林予定地に植栽前に潜めないように伐採終了から造林の地拵え作業までの期間を作らずにネットを設置することが合理的な作業手順であり、それが比較的可能となる伐採と造林の「一貫作業システム」の導入が、ノウサギ被害防除の効果的な作業システムであると考えられる（写真６）。

制度運用による造林の推進

保安林内では指定施業要件によって植栽適用樹種が定められているためコウヨウザン等早生樹種の植栽は困難であったが、運用通知が改定になり２０２１（令和３）年度からコウヨウザンも保安林内で植栽が可能となった。これにより、早生樹造林が加速されることが期待されるとともに、特定母樹など成長の早い品種による造林によって「新しい林業」への取組も推進されると思われる。しかしながら、特定母樹や早生樹を短期間で主伐できないという標準伐期齢に係る制約があるため、こうした樹種や品種特性（短伐期、低コスト）を活かせない状況が見受けられる。林木育種の貴重な成果である特定母樹等の優良品種や早生樹種による造林効果を十分に発揮するため短期間で伐採できるよう関係法令法規等の運用改定等の検討・整備が必要と思料される。

これにより、国内の人工林の齢級構成の平準化や再造林率の向上に寄与できると考えられることから、国内森林の太宗を占める保安林においても特定母樹や早生樹の短伐期による森林経営が可能となるよう産官学が連携を図りつつ取り組むことが重要である。

今後の普及のあり方等

これまでコウヨウザンが江戸時代には植林されていたにも拘わらず、主要な造林樹種として活用されてこなかった理由としては、成長は良好だが木材面に休眠芽が現れるコウヨウザンの材が、当時は四方柾目の無節柱材を好む日本人には受け入れられなかったことが大きかったのではないかと思われる。しかしながら現在の建築様式は大壁工法になり無節材を必ずしも必要としないこと、接着技術の発達によりラミナ利用・合板やバイオマス燃料として利用されることから需要拡大の可能性は高いと考える。

また、これまでの林業経営が一世代で完結しないことや投資回収に長期間を要することによる森林所有者の再造林意欲の低下に対して、投資の早期回収と造林コストの低減による森林経営の健全化が見込まれることから、再造林意欲の向上、ひいては再造林率の向上が期待される。さらに、木質バイオマス発電への燃料資源の安定供給によるＦＩＴ制度に伴う賦課金の軽減が期待される。加えて、世界的な潮流である２０５０年カーボンニュートラルに向けた貢献への参加意欲が醸成される。

以上のように需要が増大すること、森林所有者の造林意欲の向上、電気料金賦課金の低減、環境保全への貢献等をインセンティブとして普及を図ることが考えられる。

そして、何よりも森林資源が豊富な日本にとって、これらの資源を有効に利用し持続的に管理経営して国民の暮らしに役立てていくための１つの方策としてコウヨウザンの活用を視野に入れて取り組むことが重要と考える。

鳥取県におけるコウヨウザン等の取組について

鳥取県中部総合事務所農林局林業振興課課長補佐（総括）
（前・鳥取県農林水産部森林・林業振興局森林づくり推進課課長補佐）
森　雄一
鳥取県林業試験場森林管理研究室上席研究員
池本　省吾

コウヨウザンのモデル林を設置

本県では戦後の拡大造林期以降、建築用材として主にスギ、ヒノキを植林してきたが、近年では、伐採後の植栽や下刈り・保育作業の低コスト化や木質バイオマス等といった木材利用の用途の多様化など、新たなニーズへの対応も求められており、２０１３（平成25）年に鳥取県

表1　県内コウヨウザンの植栽実績

年度	2018 (H30)	2019 (R1)	2020 (R2)	2021 (R3)
植栽面積 (ha)	1.19	3.67	6.9	2.02

人工林皆伐再造林研究会（以下「研究会」）を林業関係者と設立し、再造林のコスト縮減に向けた検討を進めてきた。

研究会を通じて、初期成長が旺盛で伐期までの材積成長の大きい早生樹の有用性に対する認識が広がり、早生樹の中でも本県の気象条件に適合し、木材利用が見込まれるコウヨウザンが新たな造林樹種として期待された。

このため、２０１８（平成30）年度に単県の補助事業である「鳥取県低コスト造林推進モデル事業（補助率９／10）」を創設し、初めて県内４カ所にコウヨウザンのモデル林を設置した。

２０１９（令和元）年度には林野庁の林業・木材産業成長産業化促進対策交付金（資源高度利用型施業）、２０２０（令和２）、２０２１（令和３）年度には林野庁の先進的造林技術推進事業（地域の実情に応じた実証的造林）を活用してコウヨウザンのモデル林を追加設置し（表１）、これらのモデル林で初期成長特性の調査を行った。

コウヨウザンの成長特性等

コウヨウザンモデル林のうち3カ所に調査プロットを設置して、植栽木の活着・成長調査を行った（図1）。植栽してから3成長期経過後の生存率は91・6～99・4％で、活着に関して大きな問題はなかった。植栽木の成長は概ね良好で、樹高も根元径も植栽時の5倍以上に成長していた（図2、写真1）。

植栽してから年数が経過するにつれ成長のばらつきが大きくなる傾向が見られた。特に①鳥取試験区は、尾根から谷にかけて起伏に富んだ地形（傾斜5～30度）に植栽されており、3成長期経過後の平均成長量は、尾根部（188㎝）に比べて斜面下部（288㎝）の方が約1・5倍大きかった（図3）。

また、①鳥取試験区では2年目に突然根元から倒れる木が数本見られた。この原因は不明であるが、調査プロット近くでニホンジカによる剥皮被害が見られたことから（写真2）、ニホンジカによる可能性が高いと考えられた。ちなみに剥皮被害については、当初食害と認識していたが、島根県中山間地域研究センター安達研究員が設置した無人カメラの映像を見せていただく機会があり、角こすりによる剥皮の可能性も考えられた。いずれにしろ、ニホンジカ被害の

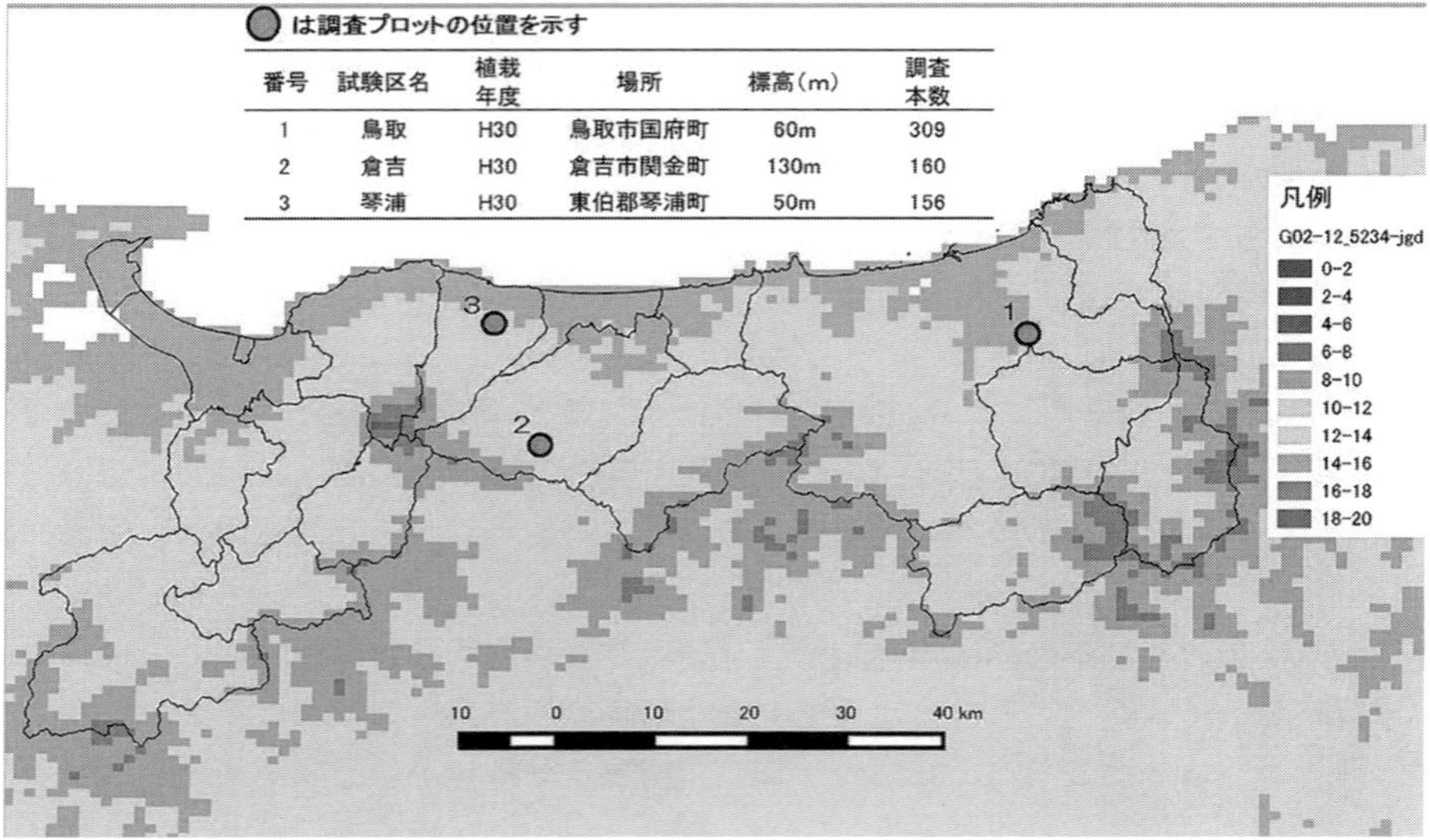

番号	試験区名	植栽年度	場所	標高（m）	調査本数
1	鳥取	H30	鳥取市国府町	60m	309
2	倉吉	H30	倉吉市関金町	130m	160
3	琴浦	H30	東伯郡琴浦町	50m	156

出典：国土交通省　国土数値情報を用いて作成

図１　コウヨウザン植栽試験地と鳥取県の年平均気温分布

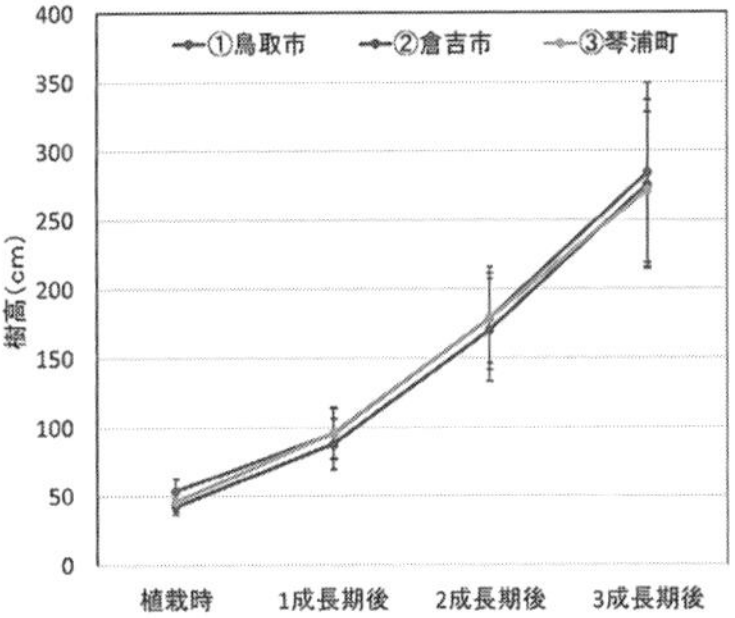

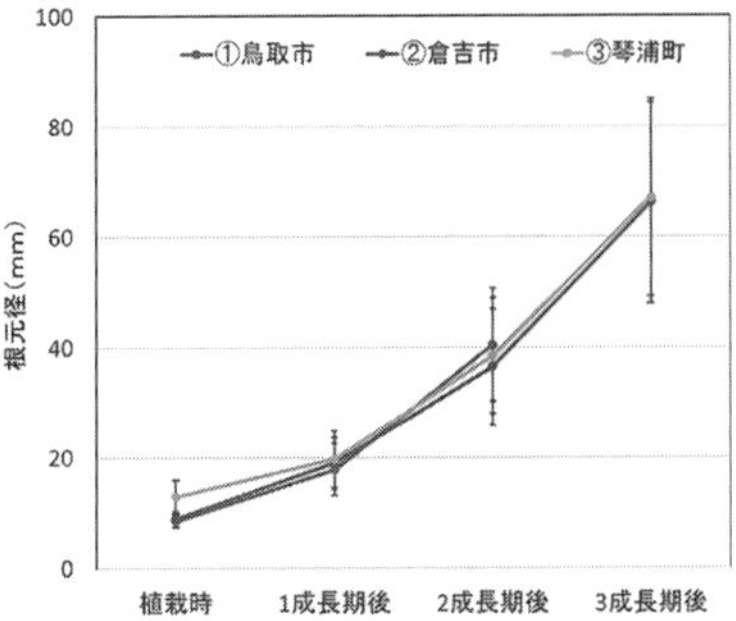

図２
コウヨウザン植栽試験地における植栽木の成長推移

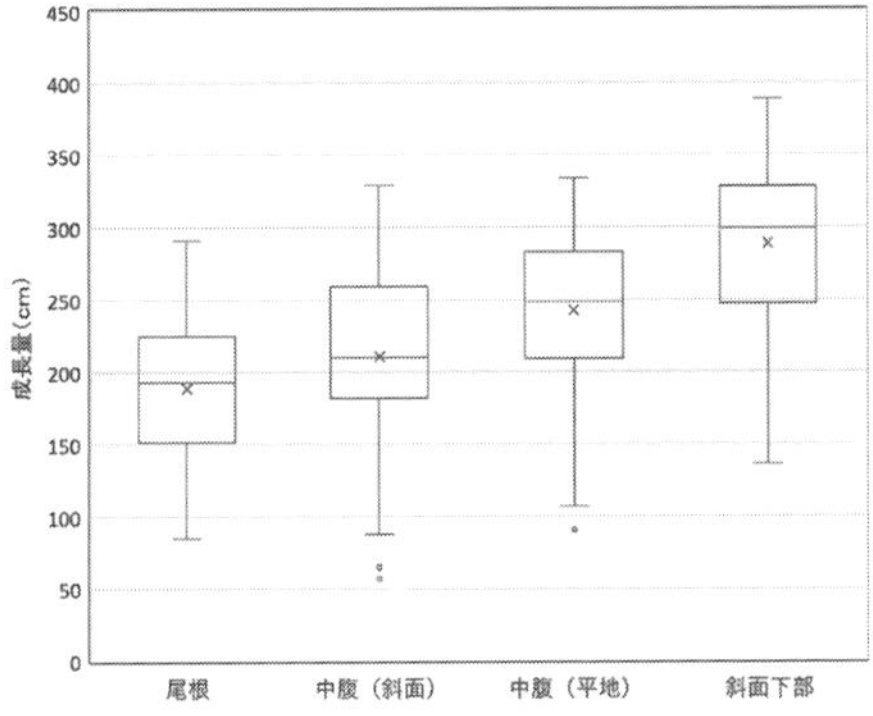

図３　斜面位置別の３成長期経過後の成長量（①鳥取試験区）

植栽時（令和元年６月）

３成長期後（令和３年 12 月）

①鳥取試験区

植栽時（令和元年７月）

３成長期後（令和３年 12 月）

②倉吉試験区

植栽時（令和元年７月）

３成長期後（令和３年 12 月）

③琴浦試験区

写真１　植栽～３成長期経過後の試験地の様子

写真2　ニホンジカによる剥皮被害（矢印）

発生する地域では植栽木を保護するツリーシェルターや植栽地を囲うネット設置等の対策が必須であろう。

②倉吉試験区では、植栽翌年にわずかにノウサギ食害（下枝をかじられる程度）が見られたが、その後の成長に影響は見られなかった。ただし、今回の試験地とは別の植栽地ではノウサギによる枝や幹の切断被害が半数を超える場所もあり、注意が必要である。

③琴浦試験区は、海岸から3㎞の距離に位置し、2019（令和元）年10月の台風19号による塩害（葉の変色）が9割以上の木で見られたが（写真3）、その後の成長には影響は見られなかった。

今回調査した試験地はいずれも推定年平均気

温が12～14℃の比較的温暖な場所にあることから（図1）、コウヨウザンの成長には大きな問題がなかったと考えられ、期待どおりの成長を示した。ただし、寒冷な山間部ではコウヨウザンの早生樹としての特性が発揮できない可能性が高いので今後検討が必要と考えられる。

今後も成長調査を継続し、成長と立地環境条件との関係を明らかにするためデータの蓄積を図っていく必要がある。

写真３　塩害による葉の変色
（左の海側が変色）

この他、既往の植栽状況としては、県中部の琴浦町大杉地内で推定52～61年生のコウヨウザンが９本確認されており、平均樹高34・２m、平均胸高直径56・２cmで、周辺のスギ（平均樹高27・４m、平均胸高直径48・６cm）より大きく成長している等、本県における成林の可能性を高く示す事例も見られた。

今年度より造林事業での植栽支援

これらの調査等から、コウヨウザンの苗木の活着や初期成長が良好で成林の可能性が高いことが確認されたため、２０２１（令和３）年８月、林野庁に造林事業（森林環境整備事業）に係る外国産樹種の承認を申請した。同年10月に承認をいただき、２０２２（令和４）年度からは造林事業において植栽等の支援を行うこととしている。

コウヨウザンの苗木生産については、研究会の検討結果を受け、２０１６（平成28）年度から鳥取県山林樹苗協同組合において着手し、２０１８（平成30）年度から秋植用の苗木販売を開始している。これまでの苗木生産実績は表２のとおりであり、今後も引き続き苗木生産を計画している。

コウヨウザンについては、防除困難なノウサギの被害が多く見られる等の課題があり、今後も生育状況等について注視していく必要があると考えている。

改正間伐等特措法や、２０２１（令和３）年６月に閣議決定された森林・林業基本計画において、再造林の推進によるカーボンニュートラル実現への貢献のため、エリートツリー（特定母樹）等の導入など新たな技術を取り入れた省力かつ低コストの造林体系の確立を目指すこと

表２　苗木生産実績

年　度	苗木本数	内訳
2018 (H30)	5,600 本	コンテナ苗 5,600 本
2019 (R1)	10,000 本	コンテナ苗 5,000 本 ポット苗 5,000 本
2020 (R2)	11,000 本	コンテナ苗 11,000 本
2021 (R3)	7,000 本	コンテナ苗 7,000 本

とされている。

本県においても、２０２２年度から改正間伐等特措法の仕組みを活かして、民間の認定特定増殖事業者（日本製紙㈱）の参画による閉鎖型採種園の造成等、エリートツリーの早期供給及び品質・量的確保に向けた取組を進め、２０２４（令和６）年秋に特定苗木の初出荷を計画しているところである。

戦後に先人たちの努力により植えられた森林の多くが、一般的な主伐期である50年以上を経過し、本格的な利用期に入っている。将来にわたりCO_2の吸収源となる森林づくりを進めていくためにも主伐再造林を着実に進める必要があり、早生樹やエリートツリーの有用性に対する期待がさらに高まっている。

今後も、本県においては、これらの樹種・品種に係る種苗の安定供給や植栽等の取組を後押しし、森林資源の循環利用の促進に繋げていきたいと考えている。

島根県におけるコウヨウザンの有用性の検証

島根県中山間地域研究センター森林保護育成科研究員
安達　直之

造林樹種としてコウヨウザンを導入した経緯、目的

島根県では林業経営サイクルの短期化が期待できる早生樹「コウヨウザン」を造林樹種の選択肢の1つとして注目しています。コウヨウザンは本県においても生育の良好な林分が確認されています（写真1）。2018（平成30）年度から島根県森林環境保全造林事業の植栽可能な樹種（以下「造林樹種」）として林野庁から承認を受けており、苗木生産や造林について種々の取組を進めているところです。本県が期待するコウヨウザンの有用性を次項に示します。

写真１
島根県内で成木したコウヨウザン
（樹幹にテープを巻かれている木）

島根県が期待するコウヨウザンの有用性

①「短伐期サイクル林業の実現」

伐期齢を20～30年と比較的短く設定できるとされており、植栽した森林所有者が現役のうちに収穫できる可能性が高く、造林意欲の向上に繋がる。

②「造林コストの低減」

早生樹の「早く育つ」という特性により従来のスギやヒノキの施業体系に比べて、植栽本数を減らす、下刈りを早期に終了する、間伐回数を減らす、など造林コストを大きく低減できる可能性がある。また、萌芽更新が可能であるとされていることから、再造林の際にかかる植栽費用の低減も期待できる。

③「食害への耐性」

シカやノウサギから食害を受けるものの、萌芽枝の発生による再生が可能である。

④「短期収穫材の利用」

30年生程度の材であっても柱材や合板などとしての利用を見込める（伐採時林齢34年生のコウヨウザンで作製した正角材は縦圧縮強度がスギと同等であり、伐採時林齢25年生のものをＬＶＬ・合板・平パレットに用いた場合の強度性能は利用可能な基準を満たしていたという報告がある〈※１〉）。

コウヨウザンに関する試験研究の概要

前項の「島根県が期待するコウヨウザンの有用性」についての検証のために、島根県中山間地域研究センター（以下「中山間センター」）が行っている試験研究内容及び結果の一部を紹介します。

コウヨウザンとスギの成長比較試験

①「短伐期サイクル林業の実現」と②「造林コスト低減」について検証するため、県内3カ所（東・中・西部）へ2018（平成30）年12月～翌年3月に苗木を植栽し成長試験を行っています（表1、写真2）。成長を比較するために、コウヨウザンコンテナ苗と裸苗、スギ裸苗の3種類の苗木を50本ずつ混植しました。使用した苗はいずれも2年生の実生苗で、県内の種苗生産者から購入しました。

植栽から3成長期終了時点（2021〈令和3〉年11月）までの各苗種の平均樹高と地際直径の推移を図1、2に示しました。3成長期終了時点の平均樹高に関して、東部ではコウヨウザンのコンテナ苗と裸苗ともに約240cmでしたがスギは約280cmとコウヨウザンはスギよりも有意に低いという結果となりました。中部も同様でコウヨウザンのコンテナ苗と裸苗ともに150cmにも満たない結果となりましたが、スギは約200cmという結果でした。一方、西部ではコウヨウザンのコンテナ苗が約180cm、裸苗が約170cm、スギが約170cmと有意な差はありませんでした。コウヨウザンコンテナ苗、コウヨウザン裸苗、スギ裸苗の3成長期終了時点の平均地際直径が、東部では51、51、56mm、中部では23、26、32mmと有意な差はありませんでした。しかし、西部ではコウヨウザンのコンテナ苗と裸苗ともに約40mmでしたが、スギ

表１　試験地の概要

	東部	中部	西部
標高（m）	82	262	151
※年平均気温（℃）	14.9	16.8	12.9
※年降水量（㎜）	1787	1392	1732
植栽月	2018年12月	2019年2月	2019年3月
苗木	コウヨウザン 2年生コンテナ苗 50本 2年生裸苗 50本 スギ 2年生裸苗 50本		
植栽密度（本／ha）	2000		
下刈り回数	全刈り３回 ① 2019年5月　② 2020年7月　③ 2021年7月		

※：試験地近辺の気象観測所のデータ

写真２　各試験地の様子

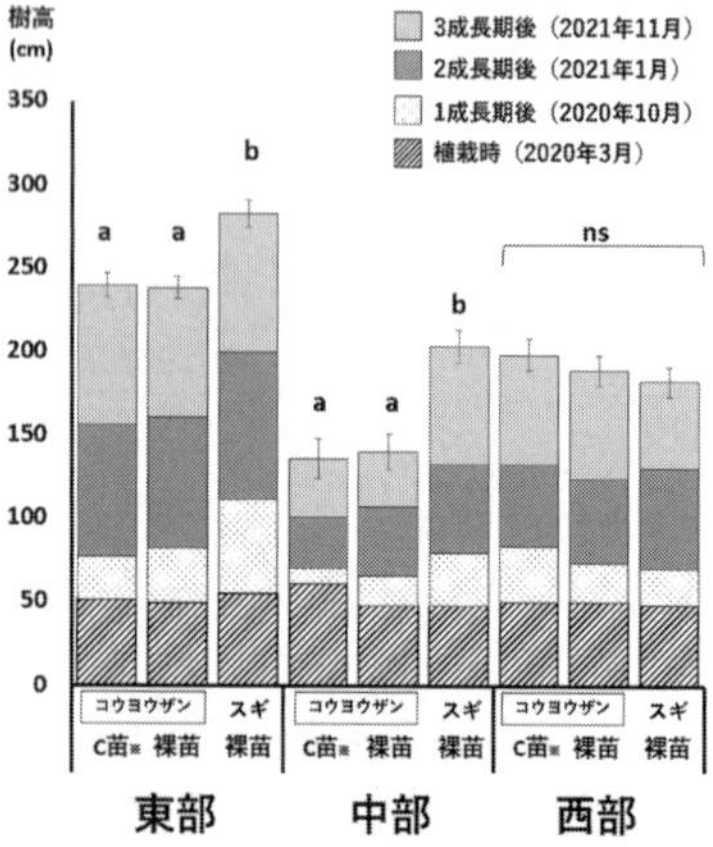

エラーバーは標準誤差を示す。林分ごとにTukeyの検定を行った。異なるアルファベットは苗種間に有意な差（p ＜ 0.05）が検出されたことを示す。nsは有意な差が検出されなかった区間を示す。

※C苗：コンテナ苗

図１　植栽後から３成長期終了時点（2019年３月～2021年11月）までの苗種別平均樹高の推移

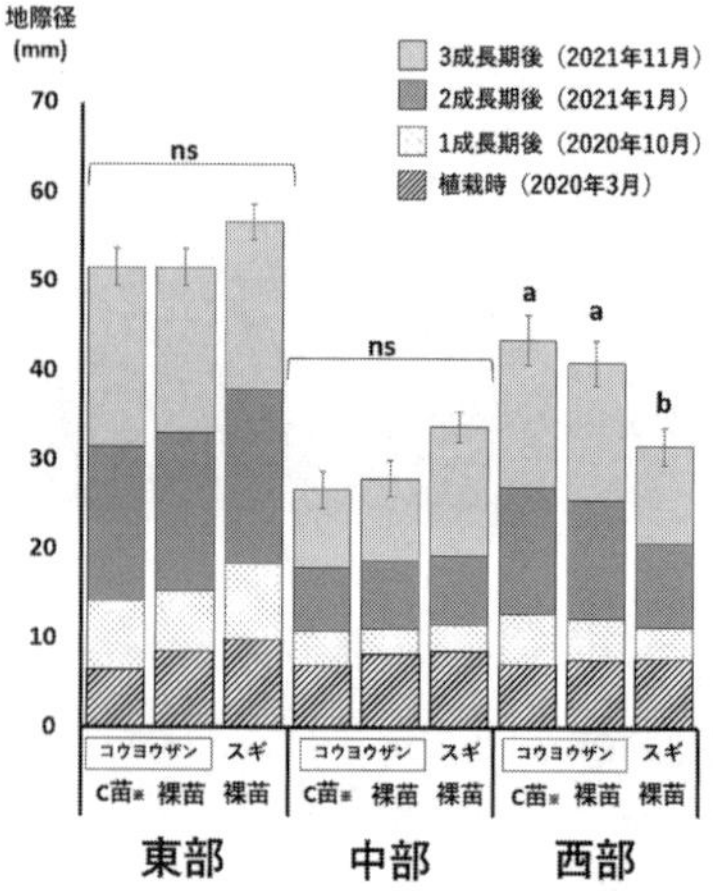

エラーバーは標準誤差を示す。林分ごとにTukeyの検定を行った。異なるアルファベットは苗種間に有意な差（p ＜ 0.05）が検出されたことを示す。nsは有意な差が検出されなかった区間を示す。

※C苗：コンテナ苗

図２　植栽後から３成長期終了時点（2019年３月～2021年11月）までの苗種別平均地際径の推移

は約29㎜と、コウヨウザンがスギよりも有意に太いという結果となりました。

今回の試験により得られた結果から、まずコウヨウザンとスギの初期の樹高成長は同程度、あるいはスギの方が優れていることがわかりました。このことから島根県においては、②「造林コスト低減」の１つである下刈りについて、スギよりも早期に終了できる可能性は期待できないと考えられました。

次にコウヨウザンの裸苗とコンテナ苗について、いずれの試験地でも樹高、地際直径ともに有意な差がなかったことから、裸苗の適期に植栽が行われた場合は同程度の成長を期待できることが示されました。

全国的にコウヨウザン林分の連年成長を調査した結果によると、樹高の成長は年変動が大きいものの７～14年生時点で良く、直径の成長は６～10年生時点で良い傾向にあります（※２）。本試験地においても将来的にコウヨウザンがスギと比較して優れた成長を示す可能性があることなどから、①「短伐期サイクル林業の実現」と②「造林コスト低減」の検証のために引き続き調査を行います。

コウヨウザン萌芽枝の成長

②「造林コストの低減」のうち、萌芽更新の可否の検証のために県内に孤立木として存在した樹齢43年生のコウヨウザンが２０１７（平成29）年10月に伐採された際、切り株から発生する萌芽の調査を開始しました（写真３―Ａ、Ｂ）。伐採から20カ月後の２０１９（令和元）年６月時点には多数の萌芽枝が発生しており、最大の樹高は約１４０㎝でした（写真３―Ｃ）。31カ月後の２０２０（令和２）年５月時点では最大の樹高が約２５０㎝になっていました（写真３―Ｄ）。さらに、60カ月後の２０２２（令和４）年10月時点では最大の樹高が約５００㎝になっていました（写真３―Ｅ）。今回の事例では単木のデータしかとれていないものの、萌芽枝が旺盛に成長する様子を観察することができたため、萌芽更新が成立する可能性があると考えられました。今後も県内でコウヨウザンの伐採が行われた際は、萌芽枝の発生について調べて行きたいと考えています。

ノウサギから食害を受けた植栽木の再生

③「食害への耐性」について、ノウサギによる食害が発生したコウヨウザン植栽木は、萌芽枝による再生が可能であるかの調査を進めているところです。食害を受けたコウヨウザン植栽

写真３　コウヨウザン萌芽枝の成長過程
A：伐採前のコウヨウザン（2017 年 10 月撮影）
B：伐採後のコウヨウザン切り株（2017 年 10 月撮影）
C：切り株から発生した萌芽枝（2019 年 6 月撮影）
D：伸長した萌芽枝（2020 年 5 月撮影）
E：さらに伸長した萌芽枝（2022 年 10 月撮影）
※写真中の人物は身長 170㎝前後
⇕：地際部から最大の萌芽枝の梢端部までの長さを表す

写真４　ノウサギによる被害が発生したコウヨウザン植栽木

中央が主軸、左右に広がっているものが萌芽枝。主軸、萌芽枝ともに頂端部や側枝を切断されている。

木は萌芽枝の発生により再生はするものの、無被害木よりも成長が遅くなるため、再度ノウサギの標的になってしまう可能性が高いことがわかってきました（写真４）。萌芽枝により再生した個体は複幹になりやすいため、目標とする樹型に仕立てることが難しくなる可能性もあります。これらのことから、ノウサギによるコウヨウザンへの食害を人為的に防除することは必要であると考えられました。

ノウサギ忌避剤散布試験

中山間センターが行ったノウサギ忌避剤散布試験では、植栽木に何も対策を行わなかった場合、２０２１（令和３）

表２　薬剤散布時（2020/12/14）からの経過日数とノウサギによる食害本数の推移

調査日	81日後（2021/3/1）			125日後（2021/4/14）		
処理区	3倍液	5倍液	無散布	3倍液	5倍液	無散布
主軸切断（本）	1-	3-	6-	1a	3a	13b
側枝切断（本）	1-	2-	5-	2a	4ab	12b
合計被害本数（本）	2a	5ab	11b	3a	7a	25b
無被害本数（本）	43	40	34	42	38	20

（異なるアルファベット間にはHolm法によりp値を調整したFisherの正確確率検定によって被害本数に有意な差（$p < 0.05$）があることを示す。）

年12月から翌年4月までの約4カ月間で45本中25本（55％）の食害が確認されました。しかし、同じ植栽地で忌避剤であるコニファー水和剤（保土谷アグロテック株式会社、以下「コニファー」）の3倍希釈液を散布した植栽木は45本中3本（約7％）、5倍希釈液を散布した植栽木は45本中7本（約16％）と明確に被害本数を減じることができました（表2）。

生分解性不織布コンテナを用いたコウヨウザン育苗試験

コウヨウザンはスギやヒノキと同様に樹脂製のマルチキャビティコンテナによる育苗が可能です。しかし、コウヨウザンコンテナ苗は根鉢が容器の内壁面と密着するため、出荷時に苗を容器から抜き取ることが難しいという問題が生じています。この問題を解決するためには、容器ごと出荷が可能な資材を用いた育苗が有効であると考えられます。生分解性不織布でできたコンテナ（以下「生分解コンテナ」）で育成した苗は容器ごと出荷が可能なため、抜き取りの作業を削減することができます。また、従来のコンテナ苗は出荷の際に根鉢保護のための梱包作業及び植栽地での梱包材の取り外し作業が必要ですが、生分解コンテナならば容器ごと植栽が可能なため、これらの作業も削減することができます。そこで、コウヨウザンコンテナ苗出荷時の抜き取り作業を削減し、苗の根の損傷を低減することを目的とし、生分解コンテナによる育苗方法を検討しました。

育苗容器として、生分解コンテナであるＺａＣＨ５０―１５０Ｍ（１５０cc／キャビティ、株式会社グリーンサポート、以下「生分解１５０」）、ＺａＣＨ５０―３００ＢＢ（３００cc、同社、以下「生分解３００」）とマルチキャビティコンテナのＪＦＡ１５０（１５０cc、全国山林種苗共同組合連合会）の３種類を用いました。各容器には培地としてココピートオールド（株式会社トップ）と元肥に肥効調節型肥料であるハイコントロール０８５―１８０（ジェイカムアグリ株式会社）を混合したものを充填しました。施肥量は苗木1本につき1～5gの範囲で施用する区を各容器で５つ設けました。１区当たりの本数はＪＦＡ１５０が80本、生分解１５０と３００は70本としました。２０２０（令和２）年9月に育苗箱へコウヨウザン種子を播種し、得られた稚苗を10月に各容器へ移植しました。苗を無加温のガラス室で２０２１(令和３)年5月まで管理し、それ以降は露地に設置された架台に移動しました。育苗した苗の苗高と地際径を２０２１年11

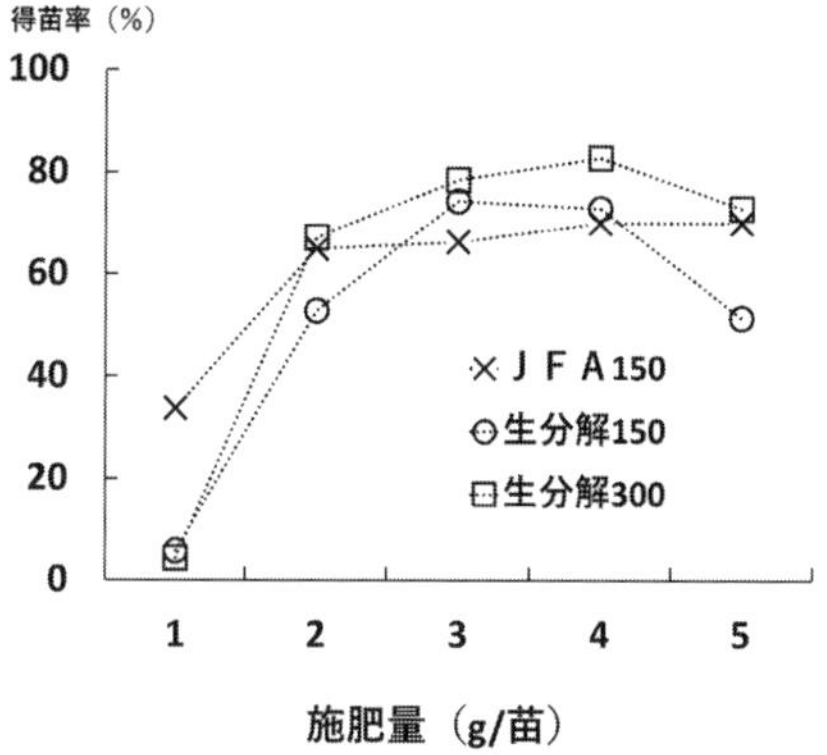

図３　各容器の肥料区ごとの得苗率

月に計測し、出荷規格に達した苗の本数を調査しました。出荷規格は島根県のスギ、ヒノキコンテナ苗の規格である、「苗高：30㎝以上、地際径：３・５㎜以上」としました。

試験の結果得られた各区の得苗率を図３に示しました。各容器で得苗率が最大となったのは、ＪＦＡ１５０は４ｇと５ｇ区で70％、生分解１５０は３ｇ区で74％、生分解３００は４ｇ区で83％でした。全体的に生分解１５０、３００ともにＪＦＡ１５０で育苗した苗と同程度の得苗率を期待できることがわかりました。

ＪＦＡ１５０で育成した苗を専用の機器を用いて抜き取り作業を行ったところ、半分程度の苗は抜き取ることができず、素手による引き抜きも試みましたが強い抵抗力を感じました。無理やり引き抜くと、キャビティの内壁面に密着した根が引きちぎれ、根鉢が崩壊するなど出荷が難しい状態になりました。コウヨウザンコンテナ苗は、スギやヒノキと比べて太い根が根鉢外周部に充満し（写真5）、根がキャビティの内壁面にはりついている様子が確認されました（写真6）。これらのことが苗の抜き取りを難しくしていると考えられました。そのため、コウヨウザンコンテナ苗の育成において抜き取り作業が必要ない生分解コンテナなどの容器を用いることは有効であると考えられました（写真7）。ただし、生分解コンテナは乾燥しやすいため、特に夏季は灌水の頻度を多くするなどの工夫が必要であると考えられました。

島根県におけるこれまでのコウヨウザン苗木生産や造林の実績

島根県におけるコウヨウザン苗木生産量の年度別の推移を表3に示します。苗木生産が始まった2018（平成30）年度は普通苗約4500本、コンテナ苗8000本と普通苗の方が多く生産されていました。普通苗は2021（令和3）年度に約1万本にまで増加しましたが、2021（令和3）年度には約6000本まで減少しました。一方で、コンテナ苗は年度毎に増加し、2021年度には約1万4000本となり普通苗よりも多くなりました。

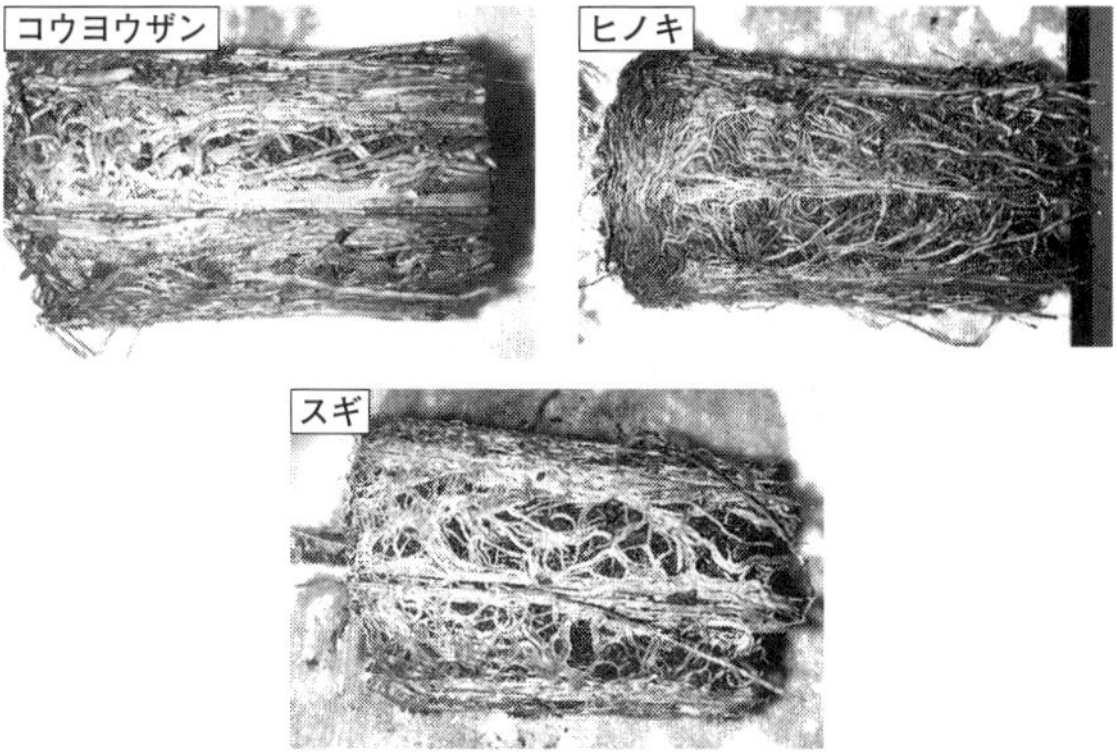

写真５　コウヨウザンとスギ、ヒノキのコンテナ苗根鉢の側面の様子

コウヨウザンはスギやヒノキに比べて根鉢表面の根の密度が高く、全体的に根が太い。

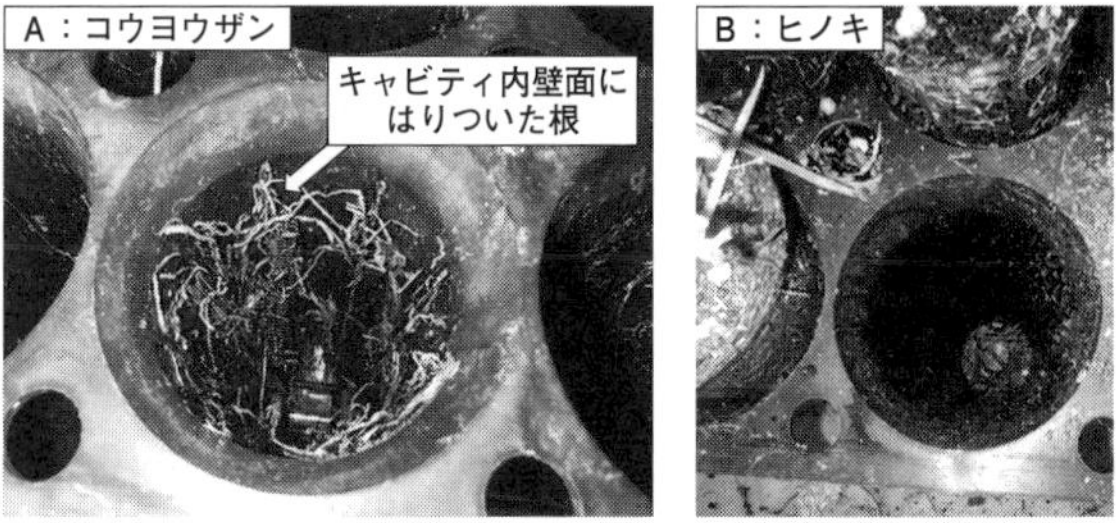

写真６　コンテナ苗を抜き取った後のキャビティ内の様子

A：コウヨウザンコンテナ苗を専用機器で抜き取り作業をした上で、抜き取れなかった苗の主軸を素手で持って引き抜いた後のキャビティ内の様子。苗を素手で引き抜いた際に根が引きちぎれ、キャビティの内壁面に接していた根がはりついて残っていた。

B：ヒノキコンテナ苗を専用機器で抜き取った後の様子。コウヨウザンに比べてキャビティの内壁面にほとんど根が残らず、きれいに抜き取れている。

写真７　生分解コンテナで育苗したコウヨウザン

表３　島根県のコウヨウザン苗木の生産量と
植栽面積の年度別推移

年度	2018	2019	2020	2021	合計
苗木生産量（本）	5,330	15,500	16,994	20,352	58,176
うち　普通苗	4,530	9,560	10,354	5,490	29,934
うち　コンテナ苗	800	5,940	6,640	14,862	28,242
植栽面積 (ha)	1.5	9.5	9.0	7.1	27.1

次に、県内におけるコウヨウザン造林の年度別推移も表3に示しています。島根県ではコウヨウザンが造林樹種として承認された2018（平成30）年から造林が行われており、2021年度までの累計植栽面積は約27 haとなっています。

今後の展望

「島根県が期待するコウヨウザンの有用性」は明らかになりつつありますが、まだ解明できていないことも多くあります。例えば、②「造林コストの低減」や④「短期収穫材の利用」については島根県内に枝打ちや間伐及び主伐を検討する段階に入った林齢のコウヨウザン林分がまだ存在しないため、それらの作業工程や短期収穫材の材質を調べることができません。そのため、情報を集積していくとともに、県内の林分が育った際にこれらの項目についての調査を行う予定です。

これまでスギが植栽されてきた土壌が深く肥沃な適潤地をコウヨウザンも好むとされているため、コウヨウザンはそのような条件の林地における造林樹種の1つとなることが考えられます。今後の取組として、コウヨウザンに関する調査研究を引き続き行い、森林経営上有利な点と不利な点を明らかにすることで森林所有者が樹種選択をする際に判断の材料となる情報を提供していくことが重要であると考えています。

《引用文献》
※1　国立研究開発法人森林研究・整備機構 森林総合研究所林木育種センター、国立学校法人 鹿児島大学農学部、広島県立総合技術研究所林業技術センター、住友林業株式会社、中国木材株式会社（2021）コウヨウザンの特性と増殖マニュアル
※2　近藤禎二、山田浩雄、大塚次郎、磯田圭哉、山口秀太朗、生方正俊（2020）わが国におけるコウヨウザンの成長・「森林遺伝育種第6巻」P148～154

事例編２

低コスト再造林プロジェクトに見る
コンテナ大苗による
コウヨウザン造林

2020（令和２）年７月に、全国森林組合連合会と農林中央金庫により、林業の成長産業化及び持続可能な循環型の森林・林業経営の実現を目的として「低コスト再造林プロジェクト」が立ち上げられ、全国３カ所（長野県・広島県・宮崎県）をモデル施業地として、早生樹「コウヨウザン（コンテナ大苗）」の利用による、伐採と造林の一体作業や活用等の実証実験を行っています。

事例編２では、同プロジェクトのモデル施業地で実証実験に取り組んでいる根羽村森林組合（長野県）、三次地方森林組合（広島県）、都城森林組合（宮崎県）の取組について紹介します。

長野県根羽村における コンテナ大苗によるコウヨウザン造林の状況

根羽村森林組合 参事
今村 豊

根羽村におけるコウヨウザン植栽の位置づけ

根羽村は人口855人で、地域面積8995haのうち森林面積8257ha、林野率92％の、大半が森林を占める典型的な過疎山村です。人工林は6028ha、人工林率は73％と高く、根羽村はこうした森林資源を活用した林産業が基幹産業となっています。

根羽村森林組合（以下「当組合」）の特徴は、一次産業の伐採、二次産業の製材加工、三次産業の販売と林産業の6次産業を確立していることで、これを「根羽村トータル林業」と称しています。現在、森林資源の充実に伴い、伐採形態が間伐から皆伐に移行しつつありますが、こうした伐採搬出の中心は齢級構成のピークとなっている60年生前後のスギ、ヒノキで、年間約５０００㎥を搬出しています。

また、搬出された素材を活用した製材品は年間50棟分程度を出荷しており、こうした林産業を支える次世代を担う森林づくりが今後の林産業の焦点となっています。

さらに当組合はＳＧＥＣによる森林認証を取得しており、将来にわたり適切な森林管理が求められています。中でも、充実した森林資源を皆伐して森林認証材として活用し、その後の「再造林」による「林齢の平準化」が1つのテーマとなっています。「林齢の平準化」とは、森林の齢級構成が12齢級前後に集中している現状を、どの齢級においても同じ面積になるように森林資源を再構築していく取組です。それには、毎年一定面積の皆伐と「再造林」が必要となります。

今後、当組合では年間10ha程度の皆伐を進め、森林認証材として製品化し、スギ、ヒノキの「再造林」を行う計画になっていますが、現在こうした「再造林」や「林齢の平準化」を推進する状況下にあることから、２０２０（令和２）年度に「コウヨウザンによる低コスト再造林プロジェクト」に取り組むこととしました。

コウヨウザン植栽の特徴としては、次のとおりです。

①「早生樹」を活用し伐期を30年生程度と短縮し、市場への素材安定供給力を高め、組合経営の向上も図ること

②コンテナの大苗による植栽であり、活着率を高め、地拵え、下刈りを省略し、植付作業の省力化、植栽時期の自由度を向上させること

③1500本／haの疎植として再造林経費の節減を図り、比較的高価な単木防護柵の選択を可能とし、トータル的な間伐回数を減らすこと

④伐採・造林一体作業を取り入れ、苗木・獣害防止資材の運搬も併せて行い、労働強度の軽減を図り、伐採後の植栽も速やかに完結させること

⑤建築材料に必要な強度を備えているコウヨウザンを採択し、ベイマツ等による梁桁材市場の奪回を図ること

以上、コウヨウザンの植栽は今後「森林資源の循環的活用」「再造林」「林齢の平準化」「伐採・造林作業の効率化」「森林認証材の安定供給」等を進めていく当組合にとっては、試行すべき大変意義のある取組と言えるものでした。

写真1　タワーヤーダとラジキャリーにより搬出した造林地

コンテナ大苗を用いた伐採と造林の一体作業について

苗木及び資材運搬は、搬出用の機材が活用できるので効率的でした。今回はタワーヤーダとラジキャリーによる架線系搬出でしたが（写真1）、作業道による車両系搬出であっても、資材搬入が同時にでき作業工程上効率的と考えられます。

植栽は伐採した者が行うので、植栽を行う視点で末木枝条の片付けができ、これも植栽作業の効率化に結びつきます。また、伐採と植栽が同一作業者であるため、こうした伐採・造林一体作業には、やりがい感、達成感、使命感を感じさせます。コンテナ苗なので季節を問わず植栽が可能となり、労働力の調整がしやすいのも特徴的です。

写真２
伐採と植栽は同一作業者が行っている

苗木については、苗長50cmの大苗なので健全性が高く、活着率もほぼ１００％でした。特に今回は２０２０（令和２）年12月の厳寒時（マイナス10℃）、標高９００ｍ、面積１・50haの積雪時期での植栽でしたが、コンテナ苗が全て支障なく活着したことは特筆すべきことです。今後、搬出量確保の優先的事項が発生しなければ、こうした伐採した者が植栽する伐採・造林一体作業の定着化が望ましいと考えられます（写真２）。

単木防護柵の組み立てについては、村内福祉施設の入居者に実施してもらったため、作業者は効率良く植栽・防護柵設置作業のみに集中できました。こうした林業と福祉関係の連携は、福祉施設の入居者も、森づくりに貢献している実感や使命感が得られるので大変望ましいと思われます。

コウヨウザンの生育状況等について

コウヨウザンの活着率は大変良く、植栽５カ月後でほぼ１００％でした。初期生長度合いも非常に高く、健全なる生育を示していました（写真３）。

使用したコンテナ苗は１５０cc、苗長50㎝です。コンテナ苗植付機ディブルにより植栽は非常に効率的でしたが（写真４）、植栽と単木防護柵設置は同時に行うので、効率は単木防護柵の設置に左右されます。植栽と単木防護柵の１人当たり１日の対応本数は防護柵種類に左右され、50～90本、平均70本／人・日程度であると考えられます。

下刈り・獣害について

下刈りは苗長50㎝の大苗を使用しているので基本的には不要と思われます。ただし、単木防護柵内の雑草繁茂やつる類侵入の場合、定期的な除去作業が必要です。シカ食害による植栽木の獣害対策は、今後もコウヨウザンに限らず確実な対策が必要です。

今回、単木防護柵はアタックされて横倒しにされてから頂芽が食害される場合と、防護柵を

写真３　植栽５カ月後で活着率はほぼ 100％

写真４
コンテナ苗植付機ディブルによる効率的な植栽

上に持ち上げて食害する傾向が見られました。一方で周囲防護柵も1箇所から侵入されれば、植栽木は全滅の危険性が高いので定期的なメンテナンスが必須です。

今後は猟友会と連携して、植栽前のシカの個体数調整の実施及び「くくり罠」の設置を植栽と一体化するなど、複数の獣害対策が必要と思われます。

今回の試験で参考になった点、今後工夫ができる点

先述したように、伐採した者が植栽する伐採造林一体作業は、今回が初めてでした。作業者の感想は「森林を活用し、同時に植栽する今回の作業は効率的であるとの実感と、森林づくりにも貢献しているやりがい感、達成感、使命感が得られた」とのことで、意義深いものを感じていました。実際、コウヨウザンを植栽してみて活着、生長が極めて良いので、これからの有望品種であると感じています。

今後、低コスト造林を進めるためには、より効果的・効率的な獣害対策が求められると実感しています。今後の有効な獣害対策において、さらなる試験や検証が必要であり、頂芽の食害が防げた後の樹皮剥皮防護も低コスト化が求められます。

写真5　再造林の成否は獣害対策にかかっている

現在、当組合では単木防護柵を使用しましたが、防護柵がシカにアタックを受けて横倒しにされるなど、予想外の食害による被害が確認されました。単木防護柵は現状で4種類を試みていますがどれも一長一短があり、当地においては単木防護柵だけでは完全に防護できるものではないと思われます。今後、被害を受けた植栽箇所について、次のとおり「再造林」の再試行を行う予定です。

ア　植栽樹種はコウヨウザンとスギ
イ　防護柵は周囲防護柵と単木防護柵の2種を比較試験する
ウ　さらに実証試験において植栽木に忌避剤効果がある「とうがらし」を溶液化した「カプサイシン」を手動で直接塗布
エ　猟友会と連携して植栽箇所周辺に「くくり罠」を併用して設置
オ　将来的には周囲防護柵の設置、ドローンを使用した「カプサイシン」の空中散布、「くくり

罠」の設置による三重の獣害対策を試みる

以上、「再造林」「森林資源の再構築」の成否は、事実上獣害対策の成否にかかっていると言っても過言ではありません。「森林資源の再構築」とその活用に向けて、当組合では継続的な試行錯誤を行い、コウヨウザンの活用を含めた「伐採・造林一体となった低コスト再造林」の確立を目指します。森林資源は再生可能な地域資源であり、これを再生していくことは我々「森の民」として、一番大切な責務だと考えています。

広島県の降雪地域におけるコウヨウザンコンテナ大苗木の造林

三次地方森林組合 参事
貞廣 和則

はじめに

2020（令和2）年7月、全国森林組合連合会と農林中央金庫により、自立的かつ持続可能な林業経営の確立を目的とする「低コスト再造林プロジェクト」が立ち上げられた。生物多様性や水土保全機能にも配慮した循環型森林・林業経営の新たな施業体系を目指すため、コウヨウザンコンテナ大苗木の利用による主伐～再造林の実証試験が行われることとなり、モデル地区の1つとして三次地方森林組合（以下「当組合」）が選ばれ取組を行った。その経過について報告する。

当地域の課題

当地域は中国地方のほぼ中心にあり、管内森林面積は５万３８８７haでそのうち約９割を民有林が占めている。また、人工林率は約30％でその多くは31～60年生の成熟期を迎えつつあるスギ・ヒノキ林となっている。現在は収穫期に向け補助金を活用した森林作業道の開設や、搬出間伐作業による基盤整備を中心に行っているが、間伐を必要とする人工林も近い将来減少していく見通しである。

一方で森林所有者の多くは、林業経営に対する意欲が低下している。成熟した人工林を伐採し一時的な収入を得ることができたとしても、再造林後の継続的な管理が難しく、後継者に負担をかけてしまうのではないかという考えが強い。また、皆伐後に再造林を行わず裸地のまま放置しておくと近年の異常気象等による土砂災害リスクの増大が懸念されるため、不在化の進む所有者には伐採を行いたくないといった考えも出ており、地域森林の持続的な林業経営に対する不安は大きくなっている。

当組合の課題と取組方針

現在の当組合従業員数は、職員数15名（平均年齢：40・22歳）、林業技術員数31名（平均年齢：47・1歳）の体制で業務を行っているが、人口減少等に伴い、新たな雇用が困難な状況となっている。特に植林〜保育を行う林業技術者に関しては平均年齢が51歳と高い。30年前は100名程度で下刈作業を年間1000ha程度実施していた時もあるが、現在では15名で100ha程度の実施となっている。今後、成熟期を迎えた人工林の再造林を進めていくと、確実に労働力の不足により手入れの行き届かない森林が増加することも懸念される。そのため、2019（平成31）年度に広島県のリーディングモデル養成事業で中長期ビジョンを作成し、その中の「新たな人材確保及び人材育成とスマート林業を駆使した皆伐〜再造林への取組」について、今後の地域森林の循環と経営基盤の安定化を図るために重要な目標とし、取り組んでいくこととした。

コウヨウザン造林の実施

(1) 取組理由

広島県では、２０１６（平成28）年にはコウヨウザンが造林事業の補助対象として採択されることが可能となり、新たな造林樹種としてコウヨウザンによる再造林への期待が高まっている。早生樹のコウヨウザンはスギやヒノキに比べて初期の成長量及び伐期までの材積成長量が大きく、約2倍の早さで成長するため、20～30年の短伐期で収穫を迎えることが可能となる。

また、コンテナ容器で育苗された「コンテナ大苗木」を活用し植栽本数を１５００本／haと疎植にすることで、植栽時のコストや育林コストを低減させることが可能になるとともに、伐採後に切株から萌芽枝が再生し萌芽更新が行われ、長期的な資源循環も期待できる。そのため、「低コスト再造林プロジェクト事業」によるコウヨウザン再造林を契機として、当組合の抱える課題解決に取り組みたいと考えた。

(2) 事業地の概要

本事業地は島根県との県境に位置するアサヒグループホールディングス株式会社（アサヒの

写真１　コウヨウザン植栽地全景

森）の社有林で、実施面積は１・17ha。区域一帯は水源涵養保安林で、既設の作業道周辺の地山勾配は緩やかであるが、尾根部に向かい急斜面となり、平均傾斜度21度と中傾斜地の事業地である。標高は約540mで冬季には日本海側の影響を受け降雪量は80～1・0mに達し、4月下旬まで積雪が残る場所もある（写真1）。

当該森林を実施地として選定した目的は、管内に多くの森林を所有し計画的な管理が行われているアサヒの森であれば、成林になるまで確実に管理を行ってもらえることと、アサヒの森の協力を得ることで地域林業の振興及び波及効果があると考えた。また、これまで保安林内では指定施業要件によって植栽樹種及び本数が定められていたため、コウヨウザンの植栽及び低密度植栽の実施は困難であり断念し

写真2　コンテナ大苗木。根の乾燥防止と獣害防止のためビニールシートで覆っている

ていたが、広島県及び関係機関の協力により、保安林内におけるコウヨウザンの低密度植栽が可能となった。

(3) コンテナ苗の入手管理

コウヨウザンのコンテナ大苗木は、当組合管内にある一般財団法人 広島県森林整備・農業振興財団三次事業所が生産している施設から25㎞離れた当該事業地に、1回当たり300本を注文し搬入を行った。苗木の規格は根鉢容量150cc、苗高50㎝以上、根本径5・0㎜以上で、1袋に30本の梱包となっている（写真2）。

一般的にコンテナ苗は夏季の乾燥や厳寒期を除けば3～4日程度は品質に影響はないと

言われているが、植栽を行った10～11月は比較的気温が高かったため、根の乾燥防止とシカやイノシシ・ノウサギ等による獣害防止のためビニールシートで覆い、谷部の日陰に保管した。また、苗木の生産場所が近隣であったため、植栽工程に合わせ搬入を行った。

(4) 植栽及び獣害対策

植栽作業は、苗木間隔を計測し専用の器具により植穴を開けていく作業者と（写真3）、植栽していく者2名で行い、1500本を延べ11人（136本／人・日）で実施した。また、植栽時には シェルターと地面に隙間が開かないよう斜面を段切り、設置床の作成を行った。通常、植栽作業の良し悪しがその後の森林形成を大きく左右するため、裸苗の植栽では技術と経験が大きく影響する。しかしコンテナ苗の植栽では、経験の少ない作業者でも容易に植栽を行えるとともに、作業負担の軽減と効率化が図られると感じた。

獣害防止には、造林地一帯をネットで囲い防護する方法や単木保護、忌避剤等の手法があるが、当該地区はシカ及び特にノウサギによる食害を確実に防止することを目的とし、ハイトシェルターS（170cm：アドバンスタイプ）による単木保護を選択した（写真4）。単木保護の作業工程は、事前にシェルターを組み立てる作業と植栽木に設置する作業に分けられる。

写真３　植穴掘り

写真４　シェルター設置作業
（ハイトシェルターＳ 170㎝：アドバンスタイプ）

シェルターの組立には作業人員2～3名で延べ6・2人（242本／人・日）、植栽木への設置作業は作業人員2名で延べ13・5人（111本／人・日）であった。単木保護による獣害防止の実施についてはシェルターの組立～運搬に手間や労力がかかった。

見えてきた課題と対策

本プロジェクトの実施により次のような課題が見えてきた。植栽時におけるコンテナ苗の移動ではコンテナ苗を苗木袋に入れ、背負った状態で運ぶことを検討した。しかし、根鉢の損傷や根崩れを起こしてしまう可能性があるため、ネットに入った状態（30本／袋）を手に持ち移動し、苗を抜き出すため袋の側面に出し入れ口を作り作業したが、1回の運搬量や作業性を考慮すると、人肩による移動については品質を確保しつつ効率的に運搬を行える方法を検討する必要があることがわかった。また、コンテナ苗は裸苗に比べ重いため、トラック搬入地点から植栽ポイントまでの移動は運搬車やドローン等の活用を検討することが望ましい。

獣害防止に関しては、作業現場において支柱やシェルター等の資材を保管するスペースが必要になる。今回は1500本分の資材であったが、これが5000本や1万本という量になれ

写真５　積雪により地際部が潰れたシェルター

ば資材保管を行うスペース確保が困難になると考えられる。

当該地区は降雪量が多いためシェルターの雪害を危惧していたが、積雪によるシェルターの倒壊は６本と少数であった。しかし、日当たりが悪く圧雪となっていた区域のシェルターは、雪の重みで地際部が潰れている物も多数確認された（写真５）。

また、獣害については植栽から８カ月が経過した７月時点では１本も被害を受けた苗木はなく、シェルター設置による効果を十分確認することができたが、植栽木が大きくなった際にシェルターを撤去する必要があるため、設置以上の作業コストがかかると見込まれる。獣害防止には多くの労力・経費が必要となるため、対象

写真６　下層繁茂状況

獣種に応じた保護方法を検討することも必要であると考える。

下草等の繁茂状況については、前生樹がスギで灌木等が繁茂していた谷部では、ササや灌木が1.0～1.8m程度まで密生している状況である。一方、前生樹がヒノキで下層植生が少なかった中間部から尾根部に関しては、ササ等が30～60cm程度で散生している状況となっている(写真6)。

これらのことから、前生樹の状態で下層植生が少ない林分を選択すれば、下草刈り等の育林施業を軽減させることができる可能性が高いこと、シェルターにより苗木が保護されるため積雪等による倒木起こし作業や下草刈りが不要となり、労働力の軽減につながると考えられる。

写真7　枯損木の根元から萌芽枝が成長

苗木の活着率は、調査対象木41本に対し39本（95％）であり、2本の枯損が確認された。成長状況は苗高平均が90㎝で苗径平均は8・5㎜と大きな成長は見られていないが、中には1ｍを超えて成長している個体も数本あった。

また、枯損木のうち1本は主軸部分が枯れているものの、根元から萌芽枝が出ており、コウヨウザンの成長力の強さを目の当たりにすることができた（写真7）。

コウヨウザンの普及に当たっての可能性と展望

コウヨウザンは確かに成長が早く、造林～育林コストも大幅に軽減できるという可能性を持ち、再造林樹種としての期待は高まっている。しかし、低密度植栽による事例は少なく、成林に対し不安視する森林所有者の声もある。安心してコウヨウザンの低密度植栽再造林を進めていくためには、効率的な植林～育林技術の確立と合理的な獣害等への対策を検討していくとともに、安定的かつ優良な苗木生産と計画的な再造林適地の選定を行うことが必要となる。

それと同時に、植栽されたコウヨウザンが収穫期を迎えた際、どのような形で木材利用され、どれくらいの価格帯で取り引きされるのか。また、安定的にコウヨウザンが流通し林業経営を十分行える樹種となるよう将来的なビジョンを示すとともに、的確な情報を提供していくことが重要だと考える。

今回の実証試験は1・17haの小面積区域による再造林で、実施後の経過観察も1年と短期間である。また、作業手順や作業方法等に関しても手探りで行ったため労働生産性も高くなかったが、コウヨウザンコンテナ大苗の再造林が伐期を迎えつつある地域森林の計画的な循環利用や、人口減少等による労働力不足及び人材育成等の課題解決に対し、大きな選択肢として定着できるのではないかと考えている。

今後も本プロジェクトの先生方や関係機関との連携を継続していくことで、コウヨウザンの生育状況や保育の必要性及びコスト等について調査・検証を行い、情報提供していきたい。

南九州における
コンテナ大苗によるコウヨウザン造林の状況

都城森林組合森林整備部整備二課長
後藤　太善

はじめに

都城森林組合は、２０２０（令和２）年11～12月にかけて、宮崎県都城市吉之元町で１haの伐採と同時の撒き散らし地拵えをし、一体作業としてコンテナ大苗の「コウヨウザンの植栽と単木保護シェルターの設置」を行いました。

コウヨウザンは30年伐期が期待できることにより、下刈りの省力化が図られ、保育コストの削減による林業の採算性向上が期待されている樹種です。様々なところでコウヨウザン林分の成長の良さや、伐採跡の萌芽枝が発生していることが確認されています。主な特徴は以下の通りです。

①早期成長・早期収穫：適地では材積成長が平均的なスギの成長の2倍と言われている。
②直通で形質が良好：スギやヒノキの製材所を利用して、これまでと同様の加工ができる。
③萌芽更新が可能：強い萌芽力があり、この性質を使って伐採後の萌芽更新により大幅に林業の採算性を向上させることが考えられる。この萌芽更新は早熟しやすく、曲がりやすく、材質が劣るため、新たに実生造林を行うべきという造林特性がある。
④材の強度が高い：スギやヒノキと遜色のない強度が得られることがわかっている。
⑤その他：心材含水率が低い、乾燥が早い、病虫害が少ない、シロアリに強い。保育上の特徴として、下刈りは3年程度、自然落枝し枝打ちしなくてもよい。中国では直刺し造林を行っている地域もある。

広島県の試験地で行われた調査では、苗高ごとに植え分けして各成長期の平均樹高を見たところ、2成長期の8月時点で平均樹高は1mを超える結果となったということで、この試験の結果として下刈りは2年、多くても3年程度で終えることが推察されています。

なお、こちらの試験地ではノウサギの糞が見られるものの食害は発生していない点、また植栽後3年間はシカによる皮剥ぎ害等が発生しましたが、４年目は枝先の軽い食害程度で影響が見られない点がわかったとのことでした。ノウサギの被害については課題が残るものの、単木保護を行うことで被害率の低減に高い効果が見られることも発見されています。伐採後の速やかな造林が効果的であるようです。

コンテナ大苗を用いた伐採と造林の一体作業について

上記のような他県での各取組を参考に行いました、都城森林組合での作業の様子と結果を報告いたします。まず、「コウヨウザンの植え付け」についてです。伐採と同時に造林を行う一体作業を目的に行うプロジェクトでしたので、普段は当組合の造林班の作業ですが、一体作業ということで伐採専門の班に植え付けを行っていただきました（写真1）。

新しい取組でしたので現場からは、「普段は伐採専門なので植え付け作業をあまり行っておらず、その作業自体に慣れず、難しかった」という声が挙がりましたが、様々な発見と得るものがあったと感じています。また、シェルターの設置は当組合でもまだ行っていない作業でした。初めての経験ということで時間がかかりましたが、一同で試行錯誤を重ねて完了しました。

写真１　伐採専門の班によるシェルターの設置

地拵えについては、通常は枝葉の枝条を等高線上に筋置きして、植え付けのために地表を出すことを心がけているのですが、敢えて撒き散らしの地拵えということで、その作業にあまり慣れていなかったという声が挙がりました。

コウヨウザンの生育について

次に「コウヨウザンの生育」については、２０２１（令和３）年の12月の調査では１５００本植栽中、13本の枯れしか見られず、活着率として９割９分とかなり良く、中にはシェルターの高さは１４０㎝ですが、そのシェルターから頂部を出して成長している個体も見受けられました。２０２０（令和２）年12月の植え付けの時には苗の大きさがおおよそ50㎝くらいでしたので、4倍の2mほどまで成長しました（写真2、3）。2021（令和3）年8月と12月に2回現地調査を行い、全体の平均樹高として約1・3〜1・5倍も成長しているところがありました。コウヨウザンの特徴である早期成長を目の当たりにし、私どもも手応えとメリットを感じた部分でした。

下刈り要否・獣害の有無について

続いて、「下刈りの要否と獣害の有無」についてですが、2021（令和3）年6〜12月においての下草の状況写真では、6〜8月にかけて下草が少し繁茂した状況で、12月時点では下草が落ち着いていることが見て取れます（写真4）。したがって、12月の調査時点で下刈りは必要ないのではないかという意見が出ています。また、シェルターの中につるが侵入している個体もあり、下刈りは必要ないかと思いますが、つる切りの作業が必要となってくるのではないかという懸念が生じました。

写真２　植栽前の大苗はおおよそ 50㎝ほど

写真３　１年で 140㎝のシェルターから頂部を出して成長している個体もある

写真４　６～８月にかけて下草が少し繁茂した状況から下刈りは不要と判断した

課題と展望

獣害については、シェルターの周囲からはみ出て生育したコウヨウザンに対してシカと思われる食害が見受けられましたが、根元から萌芽しているのではないかという個体も見受けられました。食害にあっても、初期成長の良さと萌芽更新の早さが確認できました。

今回の調査で参考になった点や工夫できる点について、土地柄もあると思いましたが、早生樹の初期成長の良さや萌芽力の高さに非常に感動しました。これにより保育作業の省力化や再造林コストの低減に繋がることを期待しています。また、30年という短期間で伐採できる点は今後の林業経営において初期投資の早期回収ができ、非常に魅力的だと思います。

人材不足の中で下刈りが仕事の大半を占めていますが、省力化されることによって労働力の軽減に繋がり、喫緊の課題である林業の労働人口の減少に対しても打開策として期待しています。

課題としては、上記に述べたつる切りの作業の必要性を感じた点、また、普段の植え付けでシェルター設置の経験がなかったため、現場にて指導する点が難しく、なおかつ、伐採専門の班に植え付けをしていただいたので、その班への指導についても職員としては難しいと感じた点が挙げられます。

写真5　シカによる食害

さらに、シカによる倒木被害もありましたので、そもそも侵入させないためにはどうすべきか、という課題も挙げられます（写真5）。都城市の一部ではシカに侵入されているところがありますが、当組合では管内でシカネットの設置を全体的に行っておりませんので、今後、検討してみたいと思います。

総じて「コウヨウザン」には様々なメリットと可能性があることを、われわれ都城森林組合一同実感し得る取組となりました。いくつか課題も残りましたが、コウヨウザン造林のパイオニア的存在である広島県の取組を参考に、今後も検証を続けて参りたいと感じた次第です。

これまで、林業経営が一世代で完結しないことや、投資回収に長期間を要することによる、森林所有者の再造林意欲の低下という課題が業界全体にあります。今後、コウヨウザンの活用により投資の早期回収と造林コストの低減による森林経営の健全化が見込まれるということがわかりました。今回の取組が、より多くの方に林業に興味を持っていただく機会になることを心より期待しています。

本書の執筆者

解説編

近藤 禎二（こんどう ていじ）
森林総合研究所林木育種センター 元育種部長

渡辺 靖崇（わたなべ やすたか）
涌嶋 智（わくしま さとる）
広島県立総合技術研究所林業技術センター

事例編1 コウヨウザン造林の導入事例

黒田 幸喜（くろだ こうき）
広島県農林水産局林業課 林業経営・技術指導担当主査

安藤 暁子（あんどう あきこ）
林野庁研究指導課技術開発推進室技術革新企画官
（前・林野庁四国森林管理局森林整備部技術普及課企画官）

遠山 純人（とおやま すみと）
高知県林業振興・環境部木材増産推進課課長補佐

濱田 秀一郎（はまだ しゅういちろう）
三好産業株式会社 山林部（鹿児島県）

森 雄一（もり ゆういち）
鳥取県中部総合事務所農林局林業振興課課長補佐（総括）
（前・鳥取県農林水産部森林・林業振興局森林づくり推進課課長補佐）

池本 省吾（いけもと しょうご）
鳥取県林業試験場森林管理研究室上席研究員

安達 直之（あだち なおゆき）
島根県中山間地域研究センター森林保護育成科研究員

■事例編２　低コスト再造林プロジェクトに見る
コンテナ大苗によるコウヨウザン造林

今村　豊（いまむら　ゆたか）
根羽村森林組合 参事（長野県）

貞廣　和則（さだひろ　かずのり）
三次地方森林組合 参事（広島県）

後藤　太善（ごとう　たいぜん）
都城森林組合森林整備部整備二課長（宮崎県）

林業改良普及双書 No.203

実践事例に見る コウヨウザンの可能性

2023年3月1日　初版発行

編　者 ―― 全国林業改良普及協会
発行者 ―― 中山 聡
発行所 ―― 全国林業改良普及協会
〒100-0014 東京都千代田区永田町1-11-30
サウスヒル永田町5F
電 話　03-3500-5030
注文FAX　03-3500-5039
H P　http://www. ringyou. or. jp
MAIL　zenrinkyou@ringyou. or. jp

装　幀 ―― 野沢 清子
印刷・製本 ―― 奥村印刷株式会社

2023、Printed in Japan
ISBN978-4-88138-440-4

一般社団法人 全国林業改良普及協会（全林協）は、会員である都道府県の林業改良普及協会（一部山林協会等含む）と連携・協力して、出版をはじめとした森林・林業に関する情報発信および普及に取り組んでいます。
全体協の月刊「林業新知識」、月刊「現代林業」、単行本は、下記で紹介している協会からも購入いただけます。
http://www.ringyou.or.jp/about/organization.html
〈都道府県の林業改良普及協会（一部山林協会等含む）一覧〉

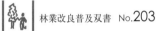

全林協の月刊誌

月刊『現代林業』

わかりづらいテーマを、読者の立場でわかりやすく。「そこが知りたい」が読める月刊誌です。本誌では、地域レベルでの林業展望、再生可能な木材の利活用、山村振興をテーマとして、現場取材を通して新たな林業の視座を追究していきます。毎月、特集としてタイムリーな時事テーマを取り上げ、山側の視点から丁寧に紹介します。

A5判　80頁　1色刷
年間購読料 定価：6,972円（税・送料込み）

月刊『林業新知識』

山林所有者の皆さんとともに歩み、仕事と暮らしの現地情報が読める実用誌です。人と経営（優れた林業家の経営、後継者対策、山林経営の楽しみ方、山を活かした副業の工夫）、技術（山をつくり、育てるための技術や手法、仕事道具のアイデア）など、全国の実践者の工夫・実践情報をお届けします。

B5判　24頁　カラー／1色刷
年間購読料　定価：4,320円（税・送料込み）

〈出版物のお申し込み先〉

各都道府県林業改良普及協会（一部山林協会など）へお申し込みいただくか、
オンラインショップ・メール・FAX・お電話で直接下記へどうぞ。

全国林業改良普及協会
〒100-0014　東京都千代田区永田町1-11-30　サウスヒル永田町5F
TEL. 03-3500-5030　**ご注文FAX 03-3500-5039**
オンラインショップ全林協
https://ringyou.shop-pro.jp
メールアドレス　zenrinkyou@ringyou.or.jp
ホームページもご覧ください。　**http://www.ringyou.or.jp**

※代金は本到着後の後払いです。送料は一律550円。5000円以上お買い上げの場合は無料。
※月刊誌は基本的に年間購読でお願いしています。随時受け付けておりますので、お申し込みの際に購入開始号（何月号から購読希望）をご指示ください。
※社会情勢の変化により、料金が改定となる可能性があります。